智 慧 人 生 书 系

我们误解了自己

We Misunderstand
Ourselves

周国平　济群 ／ 著

上海译文出版社

序 一

这本书收集的文章，是我和周老师继《我们误解了这个世界》之后几次对话内容的编辑整理，话题主要聚焦于对自我的认识。因为我觉得对自我认识的缺失，是人类世界一切问题的根源所在。而认识自己，造就美好的自己，正是生命的最大意义。

西方哲学早在古希腊时期就提出——认识你自己。可什么代表自己？两千多年来，西方哲学家们对这个问题有哪些看法？东方智慧重视立心立命，明心见性。不论儒家的修身、齐家、治国、平天下，还是佛教的心净则国土净，都没有离开对自己的认识、对心性的探讨。本书《人与自我》一文，缘起于 2016 年 8 月应邀参加"马云乡村教师集训营"，主办方希望我能围绕"人与自我"的主题举办讲座。在整理思路时，我想起周老师，希望有机会了解西方哲学对自我的认识，所以向周老师发出了邀请，当年夏天，我们在上海有了一次对话。希望通过这次对话，能给大众认识自我提供一个更广泛的视角。

《佛教人本思想与西方人本思想》属于全新的话题。我们知道，西方人本主义思潮的出现，是为了反对中世纪的神权统治，由此带来文艺复兴、科技繁荣和物质昌盛，并主导了现代社会。但很少有人了解，早在两千五百多年前，佛教正是诞生于反神本的思潮。佛教提出人身难得，认为佛是由人修行成就，人的身份比天人更尊贵，这些思想在盛行神本的世界各宗教中独树一帜。如此重要的思想背景，人们却知之甚少。那么，佛教的人本思想和西方的人本思想有什么异同？我和周老师谈及这一点，他很感兴趣，我也希望了解个中究竟。本着这样的好奇，我们于2017年在北京安排了这次主题新颖的对话。

对自己的认识，同样离不开对世界的认识。我们有能力认识世界真相吗？这是哲学领域的重要问题，也是每个人应该关心的。西方崇尚理性，但理性是通过思维认识世界，思维又是建立在有限经验的基础上，而有限不能认识无限，所以康德看到了理性的局限性。佛教既重视理性，更重视纯净的直觉。在信解行证的修学常道中，不仅有属于理性的闻思部分，还有超越理性的止观实践。唯有证悟心的本质，人类才有能力认识自己，遍知一切，因为心的本质就是世界的本质。《我们靠什么认识世界？》一文，是我们应澎湃新闻邀请，在上海大宁剧院举办的我和周老师的对话活动。当时考虑到现场观众等因素，交流并不深入。此后我又与周老师相约，分别在上海、北京进一步探讨，较为全面地表达了对这个话题的思考。

人工智能出现已久，但近年来发展迅速，逐步走入大众视野。尤其是阿尔法狗一举战胜众多围棋大师后，举世瞩目。人工智能可否替代人类，是否会给人类带来灭顶之灾？人们在惊叹之下，更多了担忧。2018 年 2 月雁荡山真际寺举办奠基典礼，我希望让这个活动富有时代意义，就邀请周老师前来交流。其时，人工智能正是社会热点，它是科技文明的产物，由此带来的担忧，其实是人们对科技发展是否失控的焦虑。当科技日新月异，世界却变得更危脆，更不确定，人类的出路在哪里？在这次对话中，我们阐述了不同的思考。

人生有现实问题，也有终极问题。处理不好现实问题，固然会带来烦恼；但缺少对终极问题的关注和思考，生命会变得短视而肤浅。2016 年 7 月，上海玉佛寺举办"觉群人生讲坛"，邀请我和周老师做一场对话。主办方搜集了大众在信仰及现实人生中存在的问题，我和周老师分别从哲学和佛学的角度，对这些问题发表了看法。

相对《我们误解了这个世界》，本书更多保留了对话的现场感。我过去虽然简单浏览过西方哲学史，但只有粗浅的认识。在探讨人类共同关心的问题时，我当然相信佛法的智慧，但也希望了解西方哲学家的观点，相信不同的立足点可以彼此激发。周老师是这方面的大家，在多次对话中，使我加深了对西方哲学的认识，受益匪浅。

本书取名《我们误解了自己》，一是显示它和《我们误解了这个世界》的渊源，一是因为这个书名和内容契合。全书聚焦于自我，从各个层面关注人的问题：《人与自我》探讨自我是什么，《佛教人本思想与西方人本思想》探讨人本思想，《我们靠什么认识世界？》探讨认识与世界的关系，《人工智能时代，人类何去何从》关注人类出路。这些对话还有完整的视频资料，有兴趣的读者可在网络观看，直接感受现场氛围。

希望这些对话，以及我们所仰赖的东西方哲人的智慧，可以使大家停下来想一想——我是谁？天生我材必有用，根本之大用，就是认识自己，自觉觉他！

济群

2021 年春写于甘露别院

序　二

　　我和济群法师的对话结集成书，这是第二本。第一本题为《我们误解了这个世界》，这一本题为《我们误解了自己》，主题分别是对世界的认识和对自我的认识。当然，这只是相对的区分，在实际对话时，话题是发散的，内容是交叉的，而这两个主题之间有着密切的联系，不可能截然分开。不过，在法师的主导下，我们的后续对话确实更侧重自我的问题。

　　自我之为一个问题，岂不大哉。我们每一个人活在世上，都是一个"我"。"我"是生命的载体，是"我"出生、生存、死亡。"我"是情感的主体，是"我"在爱、恨、快乐和痛苦。"我"是认识的主体，是"我"在感觉和思考。对于任何一个生命个体来说，"我"是与之相关的一切之前提，没有这个"我"，一切都无从谈起。可是，究竟什么是"我"，一旦追问下去，几乎没有人不感到茫然。

　　这个令人困惑的问题，也正是哲学所关注的。在对话中，我主要从西方哲学的角度，法师主要从佛教哲学的角度，对这个问题进行了讨论。

　　在西方哲学中，对自我问题的探讨可以分为三个层面。

　　一是认识论层面。西方哲学在古希腊主要关注本体论，到了近代才开始聚焦于认识论，英国哲学家洛克是把自我作为一种认识现象来分析的第一人。作为一个经验论者，他从反省入手，在自己内心体会"我"是一个怎样的概念。他的结论是，自我是人格的同一性，而维持这种同一性的关键在于意识。人在感觉、思考、生活时伴随着意识，人的感觉、思考、生活在变化，人自己也在变化，但意识具有延续性。正是凭借意识的延续性，人才能够在回忆时把过去的经历认作自己的经历，把那个在岁月中不断变化的自己认作同一个"我"。

　　二是本体论层面。洛克只把自我看作一种认识现象，至于它是否寄寓在一个实体比如说灵魂里面，他认为是无法知道的，因此探究这种问题是没有意义的。英国经验论者都拒斥本体论，否定任何实体概念。西方哲学的另一个传统，从柏拉图到近代的理性主义者，则喜欢在本体论层面谈论自我，认为自我的本质是灵魂，而灵魂是一个实体，并且把灵魂的来源追溯到某种最高实体，比如理念世界或上帝。

三是价值论层面。肇始于文艺复兴的西方近代人文主义思潮张扬人的个性，强调每个人都是一个独特的自我，都应该在世俗生活中实现其价值。到了尼采和存在主义哲学，这种强调达于顶峰。尼采提出"成为你自己"的口号，警示人们不要作为社会所派定的角色活，虚度了只有一次的生命。存在主义哲学家猛烈批判人在社会中的异化现象，倡导通过某种深刻的内心体验回归真实的自我。

佛教哲学怎样看自我？与上述西方哲学的观点进行比较，我们会发现，二者有少许相似之处，更有根本的不同。

在价值论层面上，佛教同样也反对把虚假的自我认作真实的本性。因为无明，人心会产生种种迷惑，从而形成错误的自我观念。比如说，在"贪"的支配下，会把钱财、权力、名声等身外之物认作自我；在"嗔"的支配下，会把愤怒、怨恨、嫉妒、傲慢、自卑等各种负面情绪认作自我；在"痴"的支配下，会把所执着的错误观念认作自我。不过，这里要特别注意的是，近现代西方人是立足于个性的价值批判虚假的自我的，佛学当然是坚决反对这种西方式的个人主义的。

这就要说到本体论层面了。按照我的理解，在本体论层面上，佛教对自我的解说有两个关键词，一是佛性，二是无我。佛性，又叫清净心，是心的本体，或者说，是心的本来面目。人人都有清净心，但是被迷惑心遮蔽了，而虚假的自我观念，实际上就是把迷惑心认作了心的本体。所以，要通过修行去除遮蔽，还心的本体以本来面目。那么，这个心的本体究竟是什么呢？佛教主张无我，因此，这个心的本体不是实体。无我，又叫无自性、性空，就是一切现象都是缘起，没有自身不变的本质。世界没有一个叫作上帝的不变本质，每个人也没有一个叫作灵魂的不变本质。佛教与西方哲学的柏拉图传统以及基督教的最根本不同，就在于此。我们人人如此看重的这个"我"，也只是缘起的现象。当一个人去除了一切缘起的现象对心的遮蔽，包括破除了对"我"的执著，这时候的心，就像一面镜子，映照出了万物皆空的景象，这时候的心，就是心的本体。所以，所谓心的本体，就是对性空的彻悟，就是性空在人心中的映照。所以，这个心的本体常常被描述为是如如不动的，是一种虚空的状态，是圆满而自足的。

"我"只是缘起的现象，并无不变的本质，人为何会如此执著于这个"我"呢？在佛教中，唯识宗在认识论层面上对此有详尽而深刻的剖析，简言之，根源在于末那识执阿赖耶识为"我"，这种执著来自根本无明，是在潜意识领域中发生的事情。唯识宗的理论博大精深，我本人始终是似懂非懂，不敢妄谈，感兴趣的读者可以去看法师在两本书里的有关论述。

本书付梓之时，法师嘱我写序，我趁这机会对西方哲学和佛教哲学关于自我问题的观点略作梳理，以此与读者诸君交流，也进一步向法师请教。

周国平

2021 年 3 月 10 日

目 录

人工智能时代，人类何去何从

佛教人本思想与西方人本思想

相遇在这个时代

人工智能时代，人类何去何从

我们误解了自己

● 人工智能时代正以不可阻挡之势席卷而至。科技日新月异，生活丰富便利，人们却依然忧思难安。在这物质发达而内心迷茫的时代，人类将何去何从？2018年2月4日，济群法师和著名哲学家周国平教授，继《我们误解了这个世界》的对话后，就"人工智能时代"这一热点问题，分别从佛法和哲学的视角，探讨人类在当代的出路。

一、人工智能对人类的威胁

主持：人工智能时代，人类何去何从？对于这个话题，有人欢欣鼓舞，也有人忧心忡忡，担心人类被自己研发的人工智能灭了，所以我们特别希望听到两位智者的看法。首先想问，人工智能对人类最大的威胁是什么？

周：今天这个题目是济群法师出的。我听到时，首先一愣：这是科技啊！然后精神一振，觉得法师特别敏锐。人工智能是现在比较前沿的话题，也是一个热点。法师能与时俱进，抓住热点，同时又和哲学、佛学探讨的问题联系起来——既前沿，又永恒。

说实话，在人工智能的问题上，我确实是外行，相信法师在一定程度上也是外行，但这个问题真的需要外行来关注。关于人工智能对人类的主要威胁，我觉得，可能引发了两个问题。

一个问题是，人工智能会不会超过人类，乃至取代人类？这是很多人关注的。我想，人工智能说到底仍是个技术，是人类为自己制造的非常好用的工具。从这一点来说，我相信工具永远超不过人类，也无法取代人类。不能因为这个工具特别强大，就说它比人类高明。就像人类发明了汽车，跑起来比人快得多，你说汽车比人强吗？人类发明了飞机，必须靠飞机才能上天，你说飞机比人强吗？其实不能。因为这些都是人制造的，人工智能也是同样。

当然有一点不同，因为它是智能的。我的理解是，人工智能可能是对大脑神经网络的模拟，其主要优势在于计算能力，处理大数据非常快。这是人类完全不能相比的。一个最突出的例子，谷歌开发的阿尔法狗，开始和李世石下围棋时，以三比一赢了对方，已经很让人震惊了。然后它所向披靡，所有棋手都下不过它。现在更厉害，干脆宣布不和人类下棋，因为是没意义的事。这就充分体现了它处理数据的能力和优势。李世石说，他下棋时会考虑二三十步，但阿尔法狗下一步棋的时候，考虑了几千步。这一步下面有多少可能性，它全都考虑到了。这种速度是人类永远赶不上的。

但我想强调，它仅仅在处理大数据的领域中可以领先，而人类的很多领域不是这种情况。在精神生活方面，人工智能有天生的缺陷，永远不可能和人类相比。阿尔法狗下棋再厉害，能享受棋手的情感吗？比如我的好友芮乃伟下棋时那种内心的愉悦、沉思的快乐，它不可能享受到。我不相信有一天人工智能会有情感，最多只能模拟情感的外在表现，不可能有真实的情感。

再进一步，在哲学、艺术、宗教等精神领域，我想人工智能最多做些资料工作，不可能有创造性。我不相信有一天，某个超级机器人成了柏拉图那样的哲学家；或成了爱因斯坦那样的大科学家，提出一种新的理论；或像佛陀那样，创立一种宗教。在最高的精神领域，人工智能不可能和人类相比，也永远不可能取而代之。所以从人类生活来说，最重要的一块是不能取代的。

另一个问题是，人工智能会不会祸害人类，乃至毁灭人类？这也是有些人忧虑的。我觉得可能是科幻片看多了，想象力太丰富。从目前的情况看，人工智能的开发方向很明确，一定要有市场，能够应用。比如无人驾驶的汽车、能做家务的机器人，这些是它的重点。但也有些很聪明的人，比如霍金就觉得人工智能自我更新的能力太强，而人类进化非常缓慢，所以他很忧虑。

我觉得这不太可能。现在人工智能的威胁主要有两点，一是它自我更新的失控，这有可能。但失控到什么程度？我不相信会到无法解决的程度。二是人工智能会不会毁灭人类？其实真正让人担忧的情况是，一旦恐怖分子掌握人工智能，并发明毁灭性的武器，结果会很糟糕。这种危险是存在的。

总之，一方面不要太忧虑，另一方面也要加以警惕，制定一系列防备措施。包括在法律上，规定人工智能的发展边界在哪里。就像我们现在对基因工程规定了边界，你可以克隆羊，克隆动物，但不能克隆人。

主持：我们听到了周老师的看法，在精神领域，人工智能难以超越人类，也无法取代，他对这点比较乐观。法师对这个问题怎么看？

济：我之所以提出这个问题，是因为人工智能已成为整个社会的关注焦点。包括这次达沃斯论坛，人工智能也是其中的重要话题。人工智能的出现，确实给不少人带来恐慌。据有关人士预测，目前社会上的很多工作，在未来几年会被人工智能取代。包括阿尔法狗的出现，它的学习能力之强，也是人类望尘莫及的。所以霍金认为：人工智能的崛起，要么是人类历史上最好的事，要么是最糟的……也有可能是人类文明史的终结，除非我们学会如何避免危险。

正如周老师所言，人工智能作为工具，可以用来造福人类，也可以用来毁灭人类，关键是谁在使用它，用它来做什么。当今世界有很多不安定因素，一方面是因为恐怖分子和核武器的威胁，另一方面是因为人类自身的问题层出不穷。现在人类的聪明才智都投入在发展经济和科技上，包括研发人工智能，但对自身的认识和优化，基本处于停滞甚至倒退中。因为外界诱惑重重，使人身不由己地被裹挟其中，根本没有精力反观自照。如果人工智能日益先进，而人类缺少健康的人格和心态去使用它，就会使世界更加危险。因为随着工具的强大，反而会增强人的破坏力。

人工智能代表西方工业文明、科学技术的进步。面对它的飞速发展，人类特别需要认识自己，提升自己。否则，未来在社会处于什么地位，世界又会出现哪些问题，我们是没把握的。关于人对自身的优化，正是东方文化的重点所在。儒家提倡修身齐家，成圣成贤；佛教引导我们成就解脱，成佛作祖，都是立足于心性修养，立足于生命自身的完善。

另一方面，人工智能的学习能力超级强大。从掌握知识来说，人类通过几十甚至几百、几千年的积累，人工智能在短时间内就可超越。那么，人类的独特性到底在哪里？这也是我们需要关心的。周老师讲到，人工智能或许会模拟人的情感表达，但不会有情感。比如人工智能可以模拟慈善行为，但它能不能有慈悲大爱？在这些方面，人工智能和人类有本质的区别。所以我们要去发现作为人的不共所在——哪些是人工智能无法取代甚至无法学习的。

从佛法修行来说，是要开发生命内在的觉性，这不是靠学习得来的，而是众生本自具足的宝藏。所以说，人对自身的优化，不仅在于积累知识和提升能力，更重要的是证悟觉性。这种唯有生命才具备的无限潜能，正是人类和人工智能的根本区别。因为人工智能的学习和自我更新，只能在有限的范畴内。即使掌握再多知识，也是有限的积累。

在今天这个时代，人需要不断认识自己，开发心的无限潜能，才能在世界立于不败之地。否则的话，随着科技的飞速发展，我们又没有健全的人格去处理它所带来的潜在危险，世界的问题将越来越多，人类的处境将危机四伏。

主持：就像法师说的，科技越来越发达，人心却越来越混乱。两位智者给我们指引了何去何从的方向：不必对人工智能时代过于担心，因为人类也有差异性的优势。我们有情感，有精神领域可以开拓，重点是把这部分潜能，尤其是觉性开发出来。

二、如何认识自己？

主持：科技主要是向外探索，而哲学和佛学都是向内挖掘的智慧。说到向内，遇到的第一个问题就是"认识自己"，这对西方哲学和东方佛教都是非常重要的。请问周老师，西方哲学提出"认识你自己"已有几千年，在此期间，作了哪些尝试和努力？

周：西方哲学强调"认识你自己"有两个阶段。第一是在古希腊时期，供奉太阳神的雅典德尔斐神庙中刻有一个神谕，就是"认识你自己"。这句话出自阿波罗之口，而他正是雅典城邦最重要的神。这句话的含义，其实是强调人要知道自己的局限性，不要骄傲，不要狂妄。

关于此，有个著名的故事。曾经有人到德尔斐神庙问神：雅典最智慧的人是谁？神回答说：是苏格拉底。苏格拉底是古希腊很重要的哲学家，他听说后感到奇怪：我其实挺笨的，怎么说我是最智慧的人呢？因为不相信，他就到雅典找那些以智慧著称的政治家、艺术家、诗人、工匠，问了他们很多问题，想证明这些人比自己聪明。结果他发现：这些人仅仅知道自己从事的那点事，就自以为很聪明，自以为什么都知道；而他知道自己很无知，好多事都不知道，尤其对最重要的"人应该怎么活"还没想明白。苏格拉底由此总结道：神说我最智慧，是因为我知道人的局限性，知道自己一无所知。

第二是近代以来，西方哲学家也说"认识你自己，实现你自己"，主要在于两个层面。一方面，每个人要知道自己的独特之处是什么。比如尼采说：你要知道自己在这个世界是独一无二的，生命只有一次，所以要珍惜生命，不要作为大众的符号，跟随大家生活，而要实现自己独特的价值。他强调的是这一点，和古希腊哲学的内涵不同。

另一方面，如果真正挖掘自己，会发现还有一个更高的自我——这样就能站在宇宙的立场看人生，让人生具有终极意义。很多哲学家认为，人有一个自我，那是"小我"；此外还有"大我"，如柏拉图说的理念世界，基督教说的上帝。尼采不相信上帝，但认为人生应该有更高的意义。这个"大我"会派驻代表在"小我"中，人要去发现这个代表。用孟子的话说，是尽心、知性、知天。他说的心就是精神世界，其中有个东西叫性，是和宇宙相通的觉悟，也是"大我"派驻在自己身上的代表。你要找到它，听它的教导，就和宇宙"大我"打通了。这个观点，我想哲学和宗教有共通之处。

主持：非常精彩。"大我"派了代表到"小我"这里，而佛法讲的是"无我"，这有很大差别吗？刚才说要认识无限性，怎么在古希腊哲学中是认识人的有限性？请问法师，宗教和哲学在看待自我的角度上，有很多不同吗？

济：刚才周老师讲到"大我"和"小我"，我联想到《奥义书》，这是印度宗教和哲学的源头。其中说到宇宙是"大我"，个体生命是"小我"。人因为迷失自我而轮回，所以生命的价值就是由"小我"回归"大我"。这种宇宙和自身的融合，使生命达到圆满，即梵我一如。但佛法反对这种观点，提出"无我"的思想，这也是佛教有别于其他宗教的根本。

西方文艺复兴后出现人文主义思潮，关注个性解放，关注个人价值的实现。这就使自我得到极大张扬。那么，究竟什么代表"我"

的存在？身份能代表吗？你今天有这个身份，明天可能没这个身份。相貌、想法、情绪能代表吗？相貌会衰老，想法和情绪更是变化不定的。此外，还有地位、财富、名誉等。佛陀对此进行全面审视后发现，我们认定的所谓"自我"，比如以身份为"我"，以相貌为"我"，以想法为"我"，以情绪为"我"，以名字为"我"……所有这些和我们只有暂时而非永恒的关系。既然是暂时的，就不能代表自我本质性的存在。

佛法还告诉我们，把这种暂时的关系当作永恒，是人生一切痛苦的根源。执著身体为"我"，就会害怕死亡；执著相貌为"我"，就会担心衰老；执著想法为"我"，就会和世界产生冲突；执著情绪为"我"，就容易陷入情绪，为其所控，成为情绪的奴隶。

佛法所说的"无我"，并不是说这个生命现象不存在，而是要纠正对"自我"附加的错误设定。《楞严经》有七处征心，让我们寻找：心到底在哪里？在内还是在外？有没有形相？在审视过程中会发现：我们所以为的"我"，从外在色身到内在想法，所有这一切都是暂时的假相，并没有固定不变的本质。

当我们彻底摆脱对自我的错误设定，才会看到心的本来面目：像虚空一样，无形无相，无念无住，无边无际。它一无所有，又含藏一切，能生万物。禅宗所说的明心见性，就是让我们找到这个本自具足的觉性，由此才能真正认识自己，而不是被种种假象所迷惑。

三、生命的价值在哪里？

周：关于生命的价值，我觉得有两个层面。一个层面是，我知道生命是缘起的，无自性的，没有实质内容。尽管如此，个体生命的价值在哪里？西方哲学非常强调这一点，认为每个生命是独一无二的——世上只有一个你，你只有一次人生，不可重复，所以要珍惜人生，把它的价值实现出来。

当然，我们要对自我有个正确认定，身份、外貌、财产这些都不是我，只是对自我低层次的误解。把这些破除后，我们承认不承认缘起的自我和生命？要不要去实现它独特的价值？

更高的层面是，我们不能停留于实现自我价值。我觉得宗教和哲学虽有不同表达，但基本思路是一致的，就是人不能局限于缘起的自我，要有更广阔的世界。不管把它叫作真如也好，空性也好，天国也好，大梵也好，理性世界也好……不论有多少称呼，一定是超越个体的更高的世界，你最终是属于那个世界的。人要和更高的世界沟通，要回归那里。

这两个层面，我觉得都是需要的。那么，缘起的自我有没有价值？价值在哪里？我想知道这一点。

济：从西方哲学的视角，认为生命对每个人来说只有一次，格外珍贵。而佛教认为，生命不仅有现在，还有无穷的过去和无尽的未来，今生只是生命长河的一个片段。所以人生并不是独一无二的，也不只是关注这一生，更要关注生命的轮回。

刚才周老师问缘起生命的价值在哪里，佛法认为，缘起生命的本身是虚幻的，但虚幻并不是没有。就像我们现在这个人身，不仅存在，而且非常宝贵，难得易失。怎么才能用好它？从佛法角度说，其价值就在于走向觉醒。因为在六道中，只有人的身份才有理性，才能审视生命真相，并通过修行开启内在觉性。

我们的生命现状是无明的，不知道"我"是谁；不知道生从何来，死往何去；也不知道生命的意义是什么，世界的真相是什么。因为没有智慧，我们对自己和世界充满误解，从而制造种种烦恼；然后带着这些烦恼看自我，看世界，制造更多的烦恼。生命就在这样的迷惑、烦恼中不断轮回。

学佛就是让我们去认识：这种生命的本质是痛苦的——你想不想改变，想不想摆脱？改变之后又是什么？佛法告诉我们，在迷惑背后，还有觉醒的生命。这个生命是和天地万物相通的，和整个宇宙相通的。认识到有限背后的无限，才能实现生命的最高价值。而改变的唯一途径，是依托现有人身，所以这个缘起的生命意义重大，我们要用好它。

周：缘起生命的意义和价值，我想包括两方面。首先是入世的方面，应该有自己真正的事业。现在的问题是，很多人没有自己的事业，这是很痛苦的。他的烦恼不仅在于不觉悟，还在于不知道该做什么。当然这也是不觉悟的表现，只是追随社会的价值观，追逐物欲，和人攀比，没有真正找到自己的兴趣和能力。他很少问自己这样的事，认识不到作为一个独特生命的价值在哪里，就看社会上什么样的事风光，什么样的事能带来更多利益，就去做什么，这是很大的问题。我觉得，对个人价值的认定不能缺少。应该认识到：我在世上只能活一辈子，一定要找到一件事，把自己最好的能力发展起来，不仅自己快乐，也能造福人类。

其次，光有这个还不行，哪怕你做出再大的事业，哪怕是最心爱的事业，你觉得个人价值已经得到实现，也不算什么，也是很渺小的。如果看破这一点，就能更上一层楼，获得更高的觉悟。这两点都需要，没有第一点的话，人生还是有点空。

济：从佛法角度来说，生命存在两个层面，一是现实价值，一是终极价值。现实价值就是过好当下的日子，比如身体健康、心智健全、家庭幸福、儿女孝顺，同时能造福社会，让更多人因为你的存在得到幸福。佛教中的人天善法，就是告诉我们如何使身心安乐，人生美满。这需要智慧和道德，否则是做不到的。世上很多人也在追求幸福，但在追求过程中，往往制造了很多痛苦，甚至给他人造成伤害。

佛法所说的因缘因果，就是让我们了解：生命延续到底遵循什么规律。我们今天能成为这样的人，我们的兴趣、爱好、性格等，是和过去的观念、行为、习惯有关。也就是说，所有结果都有它的前因。了解这一规律后，我们才知道，想要获得幸福，想要成为更好的自己，应该做些什么。这种现实价值也是每个人需要的。

但仅仅停留在现实价值，不关注终极价值，终究是无法安心的。不少人事业做得很大，功成名就，有一天突然想到：人为什么活着？这些事和我的生命有什么关系？会觉得很茫然。因为每个人都要面临死亡，不论现在地位多高，财产多少，还是儿孙满堂，临命终时，这些都和你没关系了。这时你到哪里去？生命的未来是什么？所以人必须关注终极价值，才能对现实保持超然，而不是把毕生精力消耗于此，忘却真正的人生大事。

如果没有这样的定位，我们很可能会把现实价值当作一切，甚至为了利益最大化不择手段。这不仅是对人生的最大浪费，还会贻患无穷。所以说，终极价值和现实价值的统一，对个体乃至社会都是非常重要的。

周：最好的情况是，得到现实价值以后，看破它，去追求终极价值。最糟糕的是，现实价值也没得到，终极价值也不在眼中，这种人就会痛苦不堪。

四、佛教否定现实幸福吗？

主持：刚才的对话中多次提到一个词：幸福。对于普通个体来说，不论追求现实价值还是终极价值，比较关注的是怎样才能过好。普通人印象中的幸福，就是有基本物质保障，同时精神上比较充盈。刚才听到轮回是苦的时候，我在想，佛教是不是否定现实的幸福？

济：每个人都向往幸福，追求幸福。但什么是幸福？在物质匮乏的年代，我们往往以为拥有就是幸福。没钱的时候，有钱就是幸福；没结婚的时候，结婚就是幸福；没孩子的时候，有孩子就是幸福；没房没车的时候，有房有车就是幸福。我们以为，得到自己想要的就是幸福。

随着经济的发展，很多人有了以前梦寐以求的生活条件，甚至有了几辈子、几十辈子都用不完的财富，却还是不幸福。为什么会这样？关键是没有健康的心态。如果我们对幸福的追求建立在迷惑、烦恼之上，即便拥有再多，也是无法得到幸福的。反而会因为过度关注物质，带来攀比、竞争、压力，以及焦虑、没有安全感等负面情绪。

佛法告诉我们，心既是痛苦的源头，也是快乐的源头。当内心充满烦恼，这些负面情绪会不断给人生制造问题，制造麻烦，制造伤害，会成为制造痛苦的永动机。反之，当人生没有迷惑、烦恼、压力时，即使粗茶淡饭，也能乐在其中，所谓"若无闲事挂心头，便是人间好时节"。所以佛教更重视心灵健康，重视解脱之乐，而不是把拥有物质当作幸福之本。

修行就是调心之道，只有解除迷惑、烦恼，拥有良好心态，才有能力感受幸福，收获幸福。

主持：明白了，佛法不是否定幸福，而是否定我们对幸福的错误认知。刚才误解了自我，现在误解了幸福，总结起来就是《我们误解了这个世界》。我们在生活中就能看到这种现象，物质越来越丰富，科技越来越发达，但没有烦恼的幸福非常难得。

五、如何静心？

主持：刚才提到静心，这是佛法提倡并擅长的。从哲学的角度，有没有静心、安心之类的说法？

周：整个哲学就是让人静心，让人站在更高的角度思考根本问题——宇宙的本质是什么？人生的终极意义是什么？我觉得，这种思考的最终结果是让人超脱一些。这点和佛学的目标一致。刚才济群法师说，解除烦恼就是幸福。其实，很难从正面定义幸福。

幸福是哲学中一个很大的问题，在古希腊时期讨论得尤其多，主要有两种观点。一派是伊壁鸠鲁的快乐主义，认为幸福就是快乐。但他强调的快乐并不是物质和纵欲，而是身体健康，灵魂宁静。另一派是完善主义，认为幸福就是精神的完善，主要代表是苏格拉底和柏拉图。他们强调幸福就是美德，做有道德的人，就是幸福的。

中国古典哲学关注什么是理想生活，也是讨论这个问题。我觉得儒家比较接近完善主义，孔子的幸福观归纳为一句话，就是安贫乐道——物质生活可以简单些，在精神上追求快乐。道家比较接近快乐主义，其幸福观也可归纳为一句话，就是全性保真——保护好生命完整、真实的状态，不让它被物质破坏了。这句话出自《淮南子》，是早期杨子的说法，我觉得可以代表他们的观点。

可见，东西方哲学都是从价值观来说幸福——让自身最珍贵的东西保持良好状态。这最珍贵的是什么？完善主义强调精神，快乐主义强调生命。其实这两派也不是那么绝对，都强调生命要单纯，不要复杂，否则就是痛苦的根源；同时强调精神应该丰富，要高贵、优秀而有信仰。我觉得两者可以结合起来，让精神和生命都有良好状态，就是幸福。

老天给每个人一条命，一颗心，把这条命照看好，把这颗心安顿好，人生就是幸福的。人心为什么不静？无非是烦恼和痛苦。烦恼和痛苦的根源有两种，一半是自己制造的痛苦，因为价值观出了问题，没找到人生真正的意义，把并不重要的东西看得无比重要，追求不到痛苦，追求到了仍然痛苦。另一半是人生必然会有的痛苦，不能正确对待生老病死、天灾人祸。那些是自己无法支配的，如果为此纠结，就带来了痛苦。

所以，一是要有正确的价值观，这是哲学讨论的问题；二是对自己不能支配的命运，要以超脱的智慧对待。斯多葛派特别强调的一点是：对不能支配的东西，要做到不动心——既然你支配不了，何必为它激动呢？没必要。这也是哲学讨论的问题。

主持：超脱的智慧，原来哲学也讲这个。《我们误解了这个世界》中说到，命运有一些是可变的，有一些是不可变的，当时周老师就是持这样的观点。法师有补充吗？

济：静心是值得关注的问题。尤其是在今天这个浮躁的时代，外在的喧嚣刺激，内心的情绪起伏，使每个人都很累。我们想要休息，可心老在不停地动荡，使我们不得安宁。我常说，未来考量一个人能不能健康地活着，其中非常重要的标准，就是有没有休息的能力。

在过去，生活环境单纯，没有那么多娱乐，人们可以静静地晒晒太阳，看看月亮，有时间也有心情和自己在一起。但现代人因为网络的普及，资讯的泛滥，时刻被手机、电脑掌控着，几乎停不下来。必须到身上的电全部耗完，才能把这些东西放下睡觉。充一晚上电之后，第二天又继续忙碌，继续消耗。

其实，身和心本身都有自我疗愈的功能，休息就是启动这种能力的重要途径。身体需要通过休息恢复精力，心灵需要通过放松恢复安宁。如果没有休息的能力，就意味着我们不会有健康的身心。如何让这颗躁动不安的心平息下来？佛法告诉我们，有以下几个方面。

首先是改变认识。周老师讲到，西方哲学家告诫我们：不要去追求自己得不到的东西。其中包含什么道理？就是以智慧审视人生，所谓"智慧不起烦恼"。所有烦恼都和我们对世界的认识有关。生活中每天会发生很多事，这些事对我们产生多大影响，关键不在于事情本身，而在于我们怎么看待。如果带着强烈的我执、二元对立或负面情绪，那么，每件事都可能制造烦恼。反之，如果我们能以智慧透视真相，任何事都不会带来烦恼。在中国历史上，王维、苏东坡等文人士大夫，既是入世的儒家，也是虔诚的佛教徒。他们通过学习佛法，在做事的同时，看到世间名利的如梦如幻，不管得意还是失意，都能超然物外。

其次是勤修戒定慧。戒是指导我们过健康、有节制的生活。现代人为什么静不下来？就是因为把生活搞得太复杂，索求无度，所以心也变得很乱。如果生活简单而有规律，心就容易清净。而"定"是安心之道，由此开启智慧。佛法认为心本身就有观照力，《心经》的"观自在菩萨行深般若波罗蜜多时，照见五蕴皆空，度一切苦厄"，就是告诉我们，生命内在有观照的智慧，通过禅修使这种智慧得以显现，就有能力处理情绪，平息躁动，不被烦恼左右。

主持：关于如何安心，从理论到实践，法师给我们讲得非常清楚，而且和周老师所说有不少相通之处。比如让生活尽量单纯，在精神层面则以更高的智慧和正确的价值观看待人生。学佛可以持戒、禅修，哲学有没有关于静心的具体做法？

周：这是哲学不如佛法的地方，光在理论上讲智慧，但没有"戒"和"定"这些帮助人进入智慧状态的方法。基督教有，但哲学没有。当然从"戒"来说，如果生活简朴就算"戒"的话，那我还有一点，但"定"一点都没有。我感觉，智慧不仅是理论，有些东西是融化在你的血肉中，不是知识性的东西。

我在看哲学书和思考的时候，觉得它把我本有的东西唤醒了，让我本来有的更强大，是这样的关系。如果单靠接受一些知识，我觉得一点用处都没有。你要问，哲学哪一块对我的影响最深，我可能说不出来，但哲学给我的最大好处是很明确的。我觉得哲学好像给了我分身术，把自己分成两个"我"。身体的"我"在这个世界活动，还有一个更高的"我"，说是理性、灵魂的"我"也好，佛性的"我"也好，就在上面看着身体的"我"活动，还经常把身体的"我"叫来，让他向自己汇报，然后给他总结，给他提醒，给他指导。当遇到烦恼时，更高的"我"就能跳出来看看。我觉得每个人身上都有这样一个自我，要让他经常在场，经常处在清醒的状态，而且要让他强大。怎么让他强大？就是去读那些伟大的著作，去读佛经。

六、人性和佛性

主持：刚才说到人性和佛性，对于人工智能时代来说，如果我们可以找出规律或算法，是不是可以植入？这样的话，人工智能是不是有一天会具备人所有的情感，或修行所要达到的境界？

周：肯定不能，人工智能可以对佛经做很好的整理，我相信它可以做到这点，但永远不会有佛性，也不会懂得佛性。

主持：请法师谈一谈，人性和佛性的区别到底在哪？

济：首先要了解什么是人性，然后才能进一步了解，人性和佛性到底有什么差别。简单地说，人性是代表人类本质性的存在。古今中外的哲学流派，都立足于不同视角定义人性。中国古代的"食色性也""饮食男女，人之大欲存焉"，是从自然性的角度定义人性。

西方哲学更强调理性，以此作为人性的重要内容。

佛法对人性的认识有两方面，一是知的层面，一是行的层面。从知的层面，认为理性是人性的重要特点；从行的层面，认为人有贪嗔痴，也有悲悯之心，说明人性是多样而非单一的存在。中国古代有性善说和性恶说，孟子说"人人皆可以为尧舜"，可以成就圣贤品德；也讲"人之所以异于禽兽者几希"，不小心就可能禽兽不如。

所以人有两面性，关键在于发展哪一方面。今天的社会强调发展，我们要发展经济，发展企业，发展文化。其实生命也是同样，我们希望自己成为什么样的人，就要充分了解人性，作出正确选择，发展其中的正向力量。

相对二元的人性来说，佛性是超越二元的，代表更深层、更本质的生命内涵。佛法认为每个众生都有佛性，不论凡圣，佛性都是圆满无缺的。一旦证悟佛性，就能彻底摆脱迷惑烦恼，实现生命的最大价值。所以说，了解佛性对我们更为重要。

周：佛就是觉悟，佛性就是觉悟的本性。人性问题，从不同角度有不同说法。比如探讨人和动物的区别，但对人来说又是共同的，这些特性被称为人性。西方哲学通常认为，人是有理性的，动物是没有理性的。

此外是从道德的角度。中国关于人性善恶有很多争论，先秦时的儒家就有几派，孟子认为性善，荀子认为性恶，孔子则认为是中性的，所谓"性相近，习相远"，善恶是后来变的。但西方哲学对人性的善恶谈得很少，没有从道德上分析人性。

西方近代哲学对人性的分析，是考虑到这样的问题——社会怎么对人性因势利导。它把人性分成两方面：一是认为利己乃人的本能，个体生命一定会追求自身利益，一定会趋利避害，趋乐避苦。我们无法对本能作道德判断，不能说这是善的，或这是恶的。

但人不光有利己的本能，还有另一种本能叫同情心。西方哲学普遍承认，人是有同情心的。其中有两种不同观点，但我看大同小异。一种观点认为，同情心是独立形成的特性，是在原始的社会生活中逐步形成的，因为你需要别人帮助，需要合作，就形成了同情心。另一种观点认为，它是由利己心派生的。作为生命体来说，你必须有利己心，对自己的痛苦和快乐是敏感的，要关心并追求自身利益，才能将心比心，推己及人，想到别人有同样的本性，所以要尊重别人的本性。

不管怎样，两者都承认人既有利己心又有同情心，社会就该因势利导。因为利己心是最强烈的，所以要设计一种制度，让每个人都可以追求自身利益。但因为你是利己的，他也是利己的，所以你在利己时不能损人。这样一种鼓励利己、惩罚损人的制度，叫作法治。

法治的根本原则，是每个人可以追求自身利益，但不能损害他人利益。在这一点上，我觉得中国传统思想是有问题的，往往把损人和利己说成一回事。其实利己不一定损人，损人是有害的，利己则是应该鼓励的。在中国儒家思想中，对于追求个人合理利益是有压制的，很多社会问题可以从中找出原因。

主持：这段说得非常棒，很多时候大家会有一种误解，觉得提倡利他时，自身利益一定会受到损害；或说到利己时，一定是损人的。其实两者之间没有必然的捆绑关系。

七、利人和利己

济：处理好义与利、自利与利他的关系非常重要。在中国传统文化中，往往把两者对立起来。一个人追求利益，很可能被视为小人。反之，如果你是君子，似乎就不该追求利益。事实上，义与利不必对立，因为我们在世间的生存需要利益为保障。但"君子爱财，取之有道"，只要用正当手段获取利益，和道德并不矛盾。

在市场经济发展早期，很多人为逐利不择手段，带来种种苦果。随着经济发展的逐步规范，人们发现，企业想走得远，做得大，要具备两种精神，一是诚信，一是利他。首先要有诚信，这是企业的立身之本。同时还要有利他心，考虑大众利益，才能得到社会认可。

从诚信和利他的角度，利益和道德是相辅相成的。当然，有时不讲诚信和利他也能赚钱，但这是走不远的。现在的互联网企业讲究免费原则，如淘宝、微信都是通过免费广结善缘，再通过其他渠道获利。可见，利他是做大平台、得到人脉的重要前提。

说到自利和利他，我们过去很容易把两者对立起来，以为利他就会损己，损他才能利己。事实上，人类生活在共同的地球家园，是唇亡齿寒的关系。现在习主席提倡人类命运共同体，也是说明，人类利益是一体的。我们只有具备利他心，互利互惠，才能在地球上和谐相处，共同发展。

世界是缘起的，不论人和人之间，还是人和自然之间，都是彼此依存的。如果我们仇恨他人，想要伤害他人，且不说对方是否受害，自己首先会被这种不善心所伤害。想一想，当我们心怀嗔恨时，会开心吗？反之，如果对他人慈悲关爱，让他人因你受益，不仅能得到对方和社会的认可，同样会滋润自己的生命，让自己感到幸福。所以说，利他即是利己，害他终将害己。

八、从同情心到慈悲心

主持：佛法说的是慈悲心，哲学说的是同情心，两者有什么区别吗?

济:孟子说,恻隐之心人皆有之。人们看到孩子走在井边就会担心,不是因为孩子和你有什么关系,而是自然生起的同情心。这就说明人有良性潜质。如果我们把这恻隐之心不断发扬,就会成为慈悲心。当你看到每个人都能心生慈悲,就是观音菩萨的大慈大悲。所以从佛法角度说,同情心是成就大慈大悲的重要基础。如果没有同情心,也就没有慈悲心了。

周:西方哲学在谈道德问题时强调了两点。道德基础并不是社会外加于人的约束,实际上,道德在人性中是有根据的。你是生命,别人也是生命,生命和生命之间是有通感的。看到别的生命受苦时,你会本能地产生痛苦,这是道德的基础。英国哲学家、经济学家亚当·斯密在《道德情操论》中强调:社会上一切重要道德都是建立在同情心的基础上。其中最主要的,一是正义,一是仁慈。正义就是不能损人,并对损人行为加以制止和惩罚。而仁慈不仅不能损人,还要在他人遭受痛苦时给予帮助。所以,同情心是西方哲学强调的道德基础。

另一个基础是说,人是精神性的存在,有灵魂,有理性,所以你有自尊心,要尊重自己,也要尊重他人,要作为灵性的存在互相对待。这种尊严也是道德的基础。

这个说法和孟子的观点很像。孟子讲道德的四端,其中两点是说："恻隐之心，仁之端也"，恻隐之心是仁爱的开端；"羞恶之心，义之端也"，做人是有尊严的，不能亵渎这个尊严。这种道德情感，中外是相通的。

济：今天的社会，道德在民众心目中并不是很有分量。之所以出现这种情况，和对道德的认识有很大关系。我们往往觉得，道德是社会的需要，不是个体生命的需要。那么当大家都不遵守道德时，我去遵守道德，是不是傻瓜，是不是吃亏？

刚才周老师说到，道德的源头来自内在的同情心、羞耻心。但现在的人太无明了，这种内在源头未必有多少力量。所以要让大家认识到，道德不仅是社会的需要，当我们遵循道德时，自己将成为最大的受益者。佛法认为，生命都是因缘因果的相续。我们今天能成为这样的人，有这样的性格、兴趣、命运，来自过去的积累，是行为、语言、思想产生后留下的业力。这些积累会成为习惯，习惯会成为性格，性格会成为人格。我们希望成为更美好的自己，必须从身口意三业开始改变。这就离不开对道德的实践。

如果我们不遵循道德，造作种种恶行，将形成不健康的习惯乃至人格，给生命带来无尽痛苦。也就是说，自己首先会成为身口意行为的受益者或受害者，其次才是他人。道德行为会在自利的同时造福他人，不道德的行为会在自害的同时伤及他人。真正认识到这一原理，自然会遵循道德。所以道德需要以智慧为前提，看清这些行为的结果，以及和自身的利害关系。否则，仅仅通过社会监督或同情心来落实道德，是没有多少力量的。

主持：在利益面前，道德的约束力往往非常微弱，甚至在法律的重压下，也有人铤而走险，导致种种问题。所以还是要从观念上正视，从根本上改变人心和人性，知道所有的事都和自己息息相关。

九、认识人心、人性的意义

主持：我们说了很多人心、人性的内容，就是在解答今天的主题——人工智能时代，人类何去何从。通过两位智者的对话，我想大家琢磨出答案了：往外找是没有出路的，只能向内探求。最后请两位说一说，在科技如此发达的时代，大家不再为基本生存担忧，可还是存在种种问题。我们讨论人心、人性这些古老而根本的问题，意义究竟在哪里？

济：自16世纪以来，基本是西方的物质文明在主导，包括商业文明、工业文明、科技文明，都在改造世界，服务人类。在人口不断膨胀、资源迅速消耗、生态日益脆弱的今天，很多国家已开始关注移民外星的课题。这些发展的共同特点，就是不断向外探求。事实上，这条路是走不通的。

我们要寻找出路，必须向内而非向外。因为一切问题的根源，在于人有没有健康的心态和人格，而这正是东方文化的强项。佛法认为，心净则国土净。我们的内心清净，世界自然就清净了。因为世界是由人组成的，如果每个人都善良而富有爱心，哪怕物质简单一点，同样可以过得很美好。相反，哪怕物质超过现在十倍，但有很多不健康的人，这个世界会安定吗？会和谐吗？

相对无限的宇宙，人的认识能力非常有限。我们有了越来越先进的科学仪器，但每一种新的发现都让人了解到，其实还有更多的未知。可以说，已知越多，未知也越多。我们一直以为物质世界就是一切，但悟空号发现，在宇宙中，暗物质约有27%，暗能量约有68%，而我们看到的物质世界仅有5%。面对如此巨大的未知，我们真的很容易焦虑——未来到底在哪里？

佛法给我们指明一条出路，认为心的本质就是世界的本质。因为心是无限的，哪怕世界有无限的外延，但在本质上，都是心的显现。当我们有能力看清自己的心，就有能力了解无限的世界。我曾在北京大学阳光论坛作过"佛教的世界观"的讲座，讲到科学发现对佛经的印证。从宏观世界，科学家发现了越来越多的星系，但《华严经》《般若经》早就告诉我们，宇宙中有恒河沙数世界。在微观世界，现代量子力学发现了波粒二象性、量子纠缠等，而佛法的中观和唯识思想中，早已将相关原理讲得非常透彻。为什么佛陀在两千多年前就有这样的智慧？因为他证悟了心的本质，证悟了诸法实相。

面对世界的快速发展，人工智能的高度发达，很多人感到茫然：不知道生命的意义在哪里，人生的方向在哪里。如果我们继续向外寻求，是永远找不到出路的。只有转而向内，立足于对心的认识，重新造就人格，建立目标，才能不断提升生命品质，而这正是人工智能完全无法替代的优势。

人类何去何从？我们有什么样的认识，就能认识什么样的世界，选择什么样的未来。佛法自古以来就被称为心学，对认识心性和解决心理问题有着透彻的智慧。通过对智慧文化的学习，可以开发潜能，从认识生命真相，到认识世界真相。当我们看清这一切，就没有何去何从的困惑了。

周：我觉得，人类前途归根到底是取决于人类中的多数人，他们的生命能不能觉悟。从这个角度说，只要能达到这一点，人工智能就不可怕，出了问题我们都能解决。如果达不到这一点，没有人工智能，人类也没多大希望。

从这点来说，我觉得我们需要佛法，也需要一点哲学。佛法确实了不起，西方哲学从古希腊开始，一直在追求，要找到世界的本质是什么。找了两千多年，现在得出一个结论——世界没有本质，也就是佛法说的无自性。

主持：周老师刚才的讲话中说到一些佛法名相，我由衷赞叹：您作为一个哲学家，可以有这些修行方面的认识。相信到下一本书，您的境界更值得期待。关于今天的主题，相信每个人都有自己的思索，也找到了相应的答案。刚才法师和周老师说得很清楚，就是向内求——每个人找回自己的本心，找到生命的出路，人类就能找到共同的出路。

十、现场问答

主持：下面进入互动环节，是大家发挥聪明才智的时候。

1. 空，是否一切皆虚幻?

问：佛家讲空，让人觉得生命很虚幻。那佛教和哲学是不是虚幻的? 有没有学习的必要?

济：空，是要空掉我们对自我和世界的错误认识，并不否定现象本身。佛教认为一切存在都有因缘因果，只是因为我们看不清，才对自我和世界产生"我"的设定，永恒的设定，进而执著于这种设定——以为自己的所见最正确，以为就是如此，以为必须如此，烦恼由此产生。如果不学习佛法或哲学的智慧，可能永远活在自己的观念中，在"无我"的世界执著"我"，在"无常"的世界期待"常"，永远事与愿违。只有学会智慧地看世界，才不会因为误解引发烦恼，人生才会变得更美好。

周：我倒觉得，哲学让我的人生变得比较痛苦。如果不想这些问题，就安安心心地过日子。但思考这些，最后你会发现是没有答案的。从空性来说，是要空掉我们的错误认识，空掉世界的永恒性，以及给我们希望的坚固性——觉得世界是坚固的，可以提供意义。西方人总在追问"世界的本质"，最后把上帝作为精神本质来信仰——总有一个永恒的、不会失去的东西在那里，你相信它吧。但佛教没有这个。当然，可能世界的本来面目就是这样，你就接受吧。

济：佛法否定永恒，并不是说除了虚幻的现象就什么都没有。其中有两个层面，一是我们会对世界产生永恒的设定，其实这种永恒根本不存在。我们希望爱情天长地久，事业千秋万代，甚至希望自己长生不老，不过是因为执著感情，在乎事业，害怕死亡，是对世界有过多依赖后产生的幻想。事实上，这种执著将给人类带来无尽的痛苦。佛教讲"无常"，只是让我们认清真相，但同时也告诉我们，觉性是永恒的，但这个永恒是超越二元对立的，既不可以用"有"去认识，也不可以用"无"去认识，并不是什么都没有。

周："有"和"无"的中道非常微妙，其实我看不懂。最后我得出一个结论——不要去问"有"还是"无"，就对了。

2. 要不要追求真相?

问：周教授说，研究世界后发现没有本质，那么世界有没有真相? 我们要不要去追求究竟的真相? 我觉得从生到死，这样自得其乐不也挺好的吗?

周：如果你已经有这个问题，必然去问。我的体会是，如果弄不清楚，觉得人生是不踏实的。有些人是没有这个问题的，你让他问，他也不问。但有些人对终极性问题比较关注，可能有天生的成分，当然也有后天的熏陶。如果你属于内心没有这个问题的，那就这样吧，不必自寻烦恼。

济：世界有没有真相? 需不需要探究真相? 很多人对世界没什么思考，生个孩子，找份工作，过个小日子，也能乐在其中。一旦关注起"人为什么活着，生命真相是什么"之类的问题，反而平添烦恼。那么，自得其乐的人需不需要被唤醒? 还是让他们继续安于现状? 其中包含两种情况。

有些人之所以自得其乐，是建立在相对稳定的基础上，比如身体健康、家庭和睦、事业顺利，没遇到天灾人祸。一旦这种平衡被打破，其实是乐不起来的。即使他有福报，能一辈子乐下去，面对死亡时还能不能乐? 即使能平静地死去，这种没有终极方向的人生，和动物有什么本质区别？只有认识真相，知道无常无我、因缘因果的原理，才知道怎么在因上努力，同时坦然接纳一切结果。建立在这一基础上的快乐，才是可靠而长久的。

周：我觉得，明白世界真相，比如知道无常、空性的道理后，并不能建立幸福的基础，但给了我们消除痛苦的理由——用不着烦恼，反正这么回事，就不会纠结于人生中的是非得失。很多人没看到这个真相，所以如此纠结。

济：消除痛苦的根源，就是制造幸福最好的基础。

3. 学佛是投资人生？

问：我是做企业的，很想把佛法学好，但身边人常说，应该退休后才去学。因为学东西肯定要花时间，有时会和应酬冲突。我想请教，什么时候学佛更合适？

济：佛法是人生的大智慧，可以引导我们更好地做人，更智慧、更幸福、没有烦恼地活着。这样一种智慧，是老了才需要，还是越早拥有越好？现代人普遍很忙，做企业的尤甚，似乎没时间用来学佛。事实上，不少企业家为了提升管理水平，会去上工商管理、传统文化等课程。为什么他们有时间学习？因为他们认识到，自己需要这样的提升。

学佛也是同样。当我们了解它的重要性，相信这种学习有助于自己更好地做人做事，自然会有时间。日本的稻盛和夫能做两家世界五百强的企业，离不开佛法的智慧。近年来，我也经常应邀给企业家们讲座，内容包括"企业与人生、现实价值与终极价值"等。智慧可以化繁为简，使管理更加直接有效，同时让你更有爱心和利他心，得到更多人的认可。所以，这种学习是磨刀不误砍柴工，从另一个角度说，也是对人生的投资。

4. 自我与无我

问：佛法提倡的"无我"是不是反人性的？这和西方的人本主义精神是不是相违？

周：佛教说"无我"，我的理解，并不是对个人生命的否定，而是一个大的概念。诸法"无我"，就是一切现象都没有自性，没有不变的本质。这不是人类学的概念，而是大的哲学概念，当然对人也适用。很难从这一点说它是反人性的，我觉得这和人本主义谈的不是一回事。

济：西方人本主义强调个体的独特性，追求个人价值的实现。在佛教看来，这一思路缺少对人性的考量，容易成就"我执"。个性解放到底解放什么？在漫长的中世纪，西方经历了宗教神权的压抑，所以在文艺复兴时期提出了个性解放。这一思想虽然带来艺术、文学、哲学的全面繁荣，但也使人性中的负面因素得以张扬。很多艺术家看到了其中的问题，但没有解决的智慧，只能以极端的方式来表现，使当代艺术变得光怪陆离。事实上，如果找不到生命的出路，也就找不到艺术的出路。如何找到生命出路？唯有佛法智慧。从某种意义上，佛教所说的"无我"，正是要否定人文主义追求的"自我"。因为后者往往是在追求"自我"的过程中，迷失了自己。在佛法看来，只有放下自我，才能找回自己。

周：人本主义是局限在缘起的现象世界，肯定人要追求自我价值，却没有看缘起现象的背后，有没有本体世界或空性。而"无我"的观念是告诉我们，现象世界的本质是空性。文艺复兴后，一方面是人本主义的兴起，另一方面是原来关于本体论、形而上学的追求，包括对上帝的信仰也开始衰落了，提出"到底有没有上帝"等疑问。实际上，对本体的怀疑就是"无我"看到世界背后没有不变的本质。这已逐步成为西方哲学的主流。从历史的发展来说，两者好像不太冲突，而是相辅相成的关系。这可以作为研究的题目先放着。

主持：听到今天的对话，大家会有一种感觉，很多问题的最终答案是开放性的。在阅读本书时，您也会有这种感觉。这也是启发我们思考的过程。

5. 如果工作被人工智能取代？

问：现在越来越多的岗位被人工智能替代，那么失业的人是什么因缘？社会是否会因此不稳定？

济：这确实是个重要问题。未来很多工作会被人工智能替代，意味着大量的人要失业。对很多人来说，工作不仅是生存需要，也是精神寄托，可以打发日子乃至实现人生价值。当他们没事干之后，即使衣食无忧，身心何以安顿？这就可能制造种种社会问题。所以说，未来每个人的身心健康尤为重要。这样的话，不论社会如何变化，都能安然接纳，顺势而为。我想，最好的方式就是学佛。

当人有更多时间后，应该发挥人的独特性，完善自我，实现生命的终极意义。进一步，以慈悲、爱心、正念造福社会，利益大众。这才是人类的未来出路。如果没有智慧文化的引导，很多人没事干之后，其实是很可怕的事。

周：我觉得有各种可能性，有时是物极必反。现在我们买东西已经不去商店，都是电商快递给你。结果北京的大商场快空了，生活中的一些普通乐趣也没了。我相信发展到一定程度，人们会考虑这种生活到底对不对。我觉得不会长期延续下去，人需要日常生活的乐趣，不能完全用人工智能代替。

另一方面，马克思讲共产主义社会最重要的特点，还不在于生产资料公有，这只是手段而已。他要达到的目的，是造就一个自由王国，每个人都可以从事他喜欢的事，有人搞科研，有人搞艺术，各尽所能，不是为了物质，也不是为了谋生。如果有好的社会制度和环境，可以把多数人从谋生的劳动中解放出来，发展自己的能力，实现人生的价值。前提是他对人生有正确理解，所以还是要靠佛法。

主持：今天已经超出预期时间，虽然听众在陆续发来问题，但对话只能到此结束。未来何去何从？相信每个人心中会有自己的思索和答案。我们再次用热烈的掌声，感谢两位智者以智慧火花给我们的启示，也把掌声送给自己——因为你们的到来，成就了这一场因缘。希望以后还有机会相聚，再次探索静心文化。

佛教人本思想与西方人本思想

● 人本思想是西方哲学的主流，影响了整个近现代文明。人们对西方人本思想耳熟能详，却不知道，古老的东方佛教也是人本思想。那么，佛教人本思想和西方人本思想有什么相同与不同？带着这样的思考，我邀周国平老师作了这次交流。对话前，我提出了基本思路，而实际讨论却是围绕三大问题展开：一、人本思想的发展脉络；二、人是什么？三、个性解放与个人解脱。

济："个性解放与个人解脱"的深层思想背景，其实是西方的人文主义和佛教的人文主义。当然佛教并没有特别提倡人文主义，这本身是西方哲学的概念。但从人文主义的视角看佛教，会发现两者有不少相通之处。

现代文明是建立于西方人文主义的基础上，在带来进步的同时，也造成道德滑坡、生态恶化、人心动荡等问题，相信每一个身处其间的人都有体会。在这一大背景下，了解佛教的人文主义思想，有助于我们正确看待现代文明，调整发展方向。希望这些对话能帮助大家认识佛教的价值，并使这一智慧在以西方文明为主导的当代社会发挥作用。

周：很好的话题。可以说，佛教的人文主义具有西方人文主义的优点，但没有它的缺点，同时还可以解决它的缺点。

济：通过深入交流，我们才能真正了解佛教和西方人文主义的不同在哪里，优点在哪里，如何才能从中受益。这是很有意义的。

周：从西方人文主义的角度来说也很需要。人文主义发展至今，自己也发现了很多问题，也在反思，东方文化可以为此提供思想资源。我们讲人文主义，就是 humanism，或译为人本主义、人道主义。简单地说，就是以人为本。这是从西方文艺复兴开始才发展起来的思想。长期以来，人的价值被神权主义贬低，所以这是对中世纪神权统治的反抗。

但人文主义有两个问题。一是物质主义，或者说享乐主义。神权统治奉行禁欲，使人的正常欲望被压抑。但在文艺复兴思潮中，开始肯定人的欲望，甚至过分强调了这一点。当这种身体的、物质性的欲望被张扬，问题就在所难免。二是理性主义，或者说科学主义。一方面要开发自然，满足人类欲望；一方面强调理性万能和科学力量，可以无限地创造财富，来满足无限的欲望。关于物质主义和科学主义带来的问题，自 19 世纪以来，西方哲学家已开始反省。

济：关于东西方人本主义思想的探讨，我大概理了一下，可以围绕以下几方面探讨。

其一，神本到人本的过渡是如何完成的？西方人文主义形成于文艺复兴时期，经历了神本到人本的发展；佛教出现于盛行婆罗门教的印度，同样经历了神本到人本的转变。也就是说，两种人文主义都产生于神本的思想背景下。那么，这两种过渡有什么不同？

周：这是很学术的问题。

济：其二，人究竟是什么？说到人本主义，离不开对人自身的认识。佛法强调"人身难得"，认为这是六道中最殊胜的身份，超过在天堂享乐的天人。西方文学家莎士比亚提出人是"宇宙的精华，万物的灵长"，而达尔文的唯物论则将人定义为高级动物。不同的定位，决定了生命的高度和未来发展。

其三，如何实现人的价值？这就涉及个性解放、个性和人性的关系。人要实现自身价值，首先要解放思想，否则某些能力将被压抑。佛教所说的解脱，本身就包含解放的内涵。这和西方倡导的个性解放有什么不同？佛教又是怎样成就解脱的？

其四，关于人权的问题，包括自然法权和天赋人权。西方人文主义所说的平等、自由和生存权、幸福权、尊严权，以及对民主、法治的保障，都是人权的体现。人在社会中拥有什么权利，是实现自身价值的前提。如果这些权利被压抑，就无法实现人的价值。佛教和西方人文主义对人的认识不同，要实现的价值不同，对人权和个性解放的认识也有差异。

其五，人为什么活着？对意义的定义不同，实现意义的手段也就不同。

周：这几个问题是一步步往前推进的，脉络梳理得很清晰，完全可以作为我们讨论的提纲。第一是从神本到人本，探讨人本思想的发展脉络；第二是认识人的本质，找到人的价值；第三是个性解放，关系到个人层面的价值实现；第四是人权问题，从社会层面对实现个人价值的保护；第五是人生意义，并找到实现意义的途径。

一、人本思想的发展脉络

济：从西方人文主义的角度，怎么完成神本到人本的过渡？

周：这是要做功课的。我简单说一说，主要涉及两段历史。

第一段是从古希腊神话时代到哲学时代。公元前7世纪之前，古希腊基本是神话统治的时代，即奥林匹斯神话系统，以神话理解世界、指导人生。此后，哲学开始产生。从第一个哲学家泰勒斯，到赫拉克利特、德谟克利特等，统称为前苏格拉底哲学家。他们主要关心宇宙的问题，其中好几位是天文学家，通过观星象对宇宙作出解释。在此之前，不需要人来解释，因为神话已经解释了。但从哲学开始，开始用理性对宇宙作出解释，已有人本的因素。到苏格拉底，认为天上的事是想不清楚的，开始思考人生问题，所以他被称为第一位把哲学从天上拉到人间的哲学家。他的思想就是怎样把灵魂照料好，过有价值的人生，这是他的思考重点。在西方哲学史上，从神话到哲学，就是神本到人本的过程。

第二段是基督教以后。从古罗马帝国后期开始，基督教逐步占据统治地位。这么长时期的宗教统治，一直延续到文艺复兴，再次出现神本到人本的转变。

主要有这两段，但我说的只是粗略的。具体的历史脉络，要再作资料性的准备。你先讲讲佛教的，我觉得从人文主义看佛教，是一个特别的角度，很有意思。

1. 佛教出现的背景

济：佛教出现之前，印度的传统宗教主要是婆罗门教，先后经历了几个阶段。首先是多神阶段，有点像古希腊的众神。到《吠陀经》，开始有一神出现——宇宙中以大梵天为至尊。在这个时期，人和神是二元的，类似现在的西方宗教。而在《奥义书》中，认为大梵是"大我"，个体是"小我"，并提出"梵我一如"的思想，认为"小我"是"大我"的一部分，人之所以流浪生死，轮回六道，就是因为迷失自己。所以要通过修行认识到自己和"梵"是一体的，具有"梵"的一切能量。这就使人和神的关系从二元进入一体，把人和神统一起来。

宗教通常会有祭祀，婆罗门教也很重视祭祀、祷告，并修习布施等善行。但《奥义书》认为，这些属于有为、有限的善行，是不究竟的，最高的善是体认梵我一如。从这个角度说，印度的神本思想比西方更深刻。

婆罗门教有三千多年历史，而佛教是在公元前五世纪形成的。当时，神权统治下的印度出现了反婆罗门的沙门思潮，包括耆那教、生活派、顺世派和不可知论派等，佛教也是其中之一。我觉得这个阶段类似西方人文主义的出现，是从神本到人本思想的过渡。

周：是一个百家争鸣的状态。

济：确实是，各种思想非常活跃。佛经多次说到九十六种外道，就是不同的修行体系。这个"外道"并非贬义，而是指佛教以外的其他宗教。

周：这是佛教的说法，其他宗教也会认为佛教是外道。就像我们说中国、外国，道理是同样的。这是一个相对的概念，客观地说就是百家。

济：佛教正是出现在这样的思潮中。那佛陀是怎样建立人本思想，否定神本思想的呢？首先，佛教的基本理论是缘起。不论对生命还是宇宙现象的解释，都立足于缘起，以此认识世界，改善生命，成就解脱。在印度各宗教中，生命的终极价值都是导向解脱。

周：婆罗门教也是这样？

济：对，轮回和解脱是印度所有宗教的核心。诸子百家体现的是文化性、哲学性、政治性，主要关心现实人生的问题。但在印度文化中，从佛教到九十六种外道，关注的都是轮回和解脱，以此为人生头等大事。这就需要探讨——轮回的因果是什么，解脱的因果是什么，什么在决定轮回？怎样才能解脱？

佛陀在菩提树下证悟，正是通过对十二缘起的观察，发现生命延续离不开无明到老死的规律。轮回是由无明缘行、行缘识、识为缘名色，乃至生缘老死。解脱则是由十二缘起逆观，从老死追溯到无明，再由无明灭则行灭，行灭则识灭，识灭则名色灭，乃至生灭则老死灭。简单地说，是由断除无明而了生脱死。

周：是一个核心论点。

济：佛教是缘起论，不是神创论，也不是唯物论、唯心论。佛教对所有问题的认识，都是立足于此，既否定神的权威性，又不同于无神论。无神论认为根本就没有神，没有鬼，不承认看不到的力量。而佛教认为神和鬼都是有的，只是没有主宰一切的造物主。比如天有很多重，每重天都有相应的天神。但这些神也属于六道众生，同样受因果规律的支配。一旦天福享尽，仍会堕落。佛经中多次记载，天人将堕时会出现五种衰相，使他坐立不安，所以天堂并不是永久的归宿。

周：这个神的概念，和印度婆罗门教的神，是不是已经不一样了？

济：大体是一样的，讲的是各重天的天主、天人，包括大梵天，佛教中也讲到。

周：他在佛教中是什么地位？

济：大梵天属于色界天，神格很高，认为世界是"我"创造的。就像人间帝王觉得世间唯我独尊，自称朕、孤家，一切都由我决定的。佛教称之为天慢，是地位带来的我慢。但在佛教看来，天主、天帝同样属于六道之一，仍受因果业力的支配，主宰不了自己的命运，更主宰不了众生的命运。

佛陀成道后说法，倒是和大梵天有关。佛陀最初成道时，发现他所觉悟的真理和凡夫认识有天壤之别，并没有准备说法，后来在大梵天的再三祈请下，才开始教化众生。在佛陀弘法过程中，很多闻法对象是婆罗门信徒，所以佛陀会针对他们的教义，从佛法角度加以批判。比如他们认为，只要到恒河洗一洗就可以净化罪业，至今都有大量的人去恒河沐浴。

周：我在那里洗过，在恒河游过泳。

济：但佛陀说这是不可能的，必须通过忏悔才能清除业障，并不是洗一洗就解决问题的。如果洗洗能除障的话，恒河的鱼早就生天了。

婆罗门教重视祭祀，有居家火、供养火等火供方式。佛陀针对这些内容作了伦理性的解读，把各种火供解读为如何待人处世，根据缘起因果告诉人们，只有建立良善的社会和人际关系，才能幸福吉祥。《善生经》说到，有位婆罗门每天早上要拜东、南、西、北、上、下六方。佛陀问他：为什么这样拜？他说是祖先传下的规矩，并不清楚其中原因。佛陀告诉他：佛教也有六方，是让我们处理好各种人际关系。比如东方代表自己和父母的关系，作为父母要尽到哪些责任，作为儿女要奉行哪些义务。此外，以南方、西方、北方、上方和下方分别对应夫妻、兄弟、朋友、主仆、宗教师的关系，说明彼此间应该遵循哪些伦理，类似儒家的五伦。

2. 人间胜过天堂

济：对婆罗门教的修行，佛陀或是直接批判，或是立足于缘起因果加以解读，提出相应的道德准则，引导信众通过践行道德、止恶行善，达到自他和乐的目的，而不是简单地、不知其所以然地供一供，拜一拜，把问题交给神明。

周：这是属于什么时期的经典，小乘还是大乘？

济：我刚才讲的主要出自《阿含经》，属于早期的声闻经典。除了强调自身行为的重要性，佛教的人本主义还体现在——肯定人身的价值。《阿含经》所说的"人间于天上则为善处""诸佛世尊皆出人间"都是告诉我们——人间比天上更好，诸佛出自人间而非天上。

为什么人间更好？因为天人太舒适了，专门享乐，既不喜欢思考，也不喜欢修行。人间则有苦有乐，而且人的理性发达，会思考生命的意义、世界的真相，探索离苦得乐的途径，通过思考和修行开发智慧，成就解脱。所以，必须以人的身份才能实现终极价值。

正因为如此，佛教把长寿天（色界四禅之无想天，天人的一种）当作八难之一，属于不能修行的身份。生到那里其实是一种不幸，从修行来说非但没有价值，反而是障碍。

周：这是不是带有比喻性质，以此比喻人生的不同状态和境界？

济：佛法是从缘起的智慧，观察人道和天道的生命差别，是如实观，而不仅仅是比喻。

周：这些差别是由缘起造成的吗？

济：差别肯定是由缘起造成的。由不同的行为，形成不同的业力，最后招感相应果报。这些果报又会进一步对我们产生影响。

周：生天应该是比较好的果报，福报比人要好，但对修行来说又是不利的。这是不是有点矛盾？

济：不矛盾。人间也有这样的情况，比如富贵修行难。虽然条件优越，不必为生存奔波，但太享乐了，沉迷于此，想不到修行，白白耗费人身。就像那些纨绔子弟，本来是有些福报的，结果不思进取，一事无成。甚至还有人因此为非作歹，把福报变成作恶的助缘。

周：是不是可以在修行上有好的状态，作为往昔修行的福报？否则，最后到了对修行不利的地方，不是反而害了他吗？

济：佛教是从因果角度看待这些。比如一个人艰苦创业，最终成为富豪。这是创业感得的果。当他成为富豪后，可能会用好这些钱，让事业蒸蒸日上，同时造福社会；也可能像现在说的"有钱就变坏"，反而给自己、家庭、事业带来种种问题。所以这是两个概念，我们不能因为他没把钱用好，就说通过努力成为富豪是不合理的。

周：但他赚钱后，也可以有一个好的状态。

济：对赚钱来说，努力是因，赚钱是果，当然还有各种缘的成就。但对用钱来说，关键在于有没有智慧，这是决定我们能不能用好的因。如是因，如是果。福报有福报的因果，智慧有智慧的因果，解脱有解脱的因果，是不一样的。不是说你有招感福报的因果，必定有成就智慧的因果，反之亦然。比如有些人很有智慧，但一生清贫。所以佛教说到两种资粮，一是福德资粮，一是智慧资粮。修行就是要积累这两种资粮。

周：《圣经》也用这个词。

济：佛教有句话叫"修福不修慧，香象挂璎珞"。如果只修福报，不修智慧，未来可能像国王的大象那样挂满珠宝，但只是畜生罢了。现在有钱人的宠物也是这样，论享受和物质条件，要比没钱人好得多，但这种福报并不能改变它的恶趣身份。另一句是"修慧不修福，罗汉托空钵"。有些人精进修行，但往昔和今生都不修福报，不和大家结缘，虽已成就阿罗汉果，但乞食时照样没人供养，只能托着空钵回来。所以佛陀一再强调，福和慧都要修。

周：修福修慧的途径不一样吗？

济：途径不同，但可以有交集。因为福报有不同质量，在智慧指导下修福报，或是没智慧地修福报，性质完全不同。

周：福报主要是通过慈悲吗？

济：福报主要是通过利他，利他离不开慈悲。佛教就是从这个角度肯定人身价值——只有人才能福慧双修。

周：这是特别棒的一点。

3. 从神本到人本

济：佛教的人本思想主要体现在两点：一是认为祸福不由造物主决定，而取决于自己的善恶行为；二是强调人身的殊胜，以及比天堂好在哪里。基于此，完成神本到人本的转变。

周：过渡后就把神贬低了。可以想象，人间有苦有乐，确实是最丰富的，对修行也是最好的环境。如果把人间这些内容抽掉，神所在的天国，应该是很单调的世界。难以想象他在那里享的是什么福，肯定不是物质的福。

济：天道，尤其是欲界天，享受的还是物质的福，不是精神的。色界、无色界天的享受才是精神的，和禅定有关。

周：是什么样的物质享受？吃好穿好，还是琉璃、水晶、金碧辉煌的环境？佛经中有具体描述吗？

济：佛经中有描述。从物质角度看，这些条件是人间享乐的极致，而且没有任何灾难。但天人同样属于凡夫，而非圣者。《俱舍论》记载，欲界共有六层天，越往上，满足欲望的条件越简单，越容易快乐。

周：是不是可以理解为，欲界也有修炼，修炼比较好的处于上层。

济：修行主要在欲界的人道，而不是生天后修行。

周：我本来觉得，这不是一个物理空间。

济：佛教认为，欲界天和色界天就是物理空间，到了无色界天，才不是物理空间。其实我们看到的世界非常有限。现代科学发现，我们看到的世界只有5%。这是怎么推算的？因为宇宙运行需要能量推动，仅靠现存物质的能量，不足以让众多星系有序运行。所以科学家提出，除物质外还有暗物质，其中物质占1/5，暗物质占4/5。然后科学家又发现，仅靠暗物质还不足以支撑宇宙运行，应该有暗能量，且相当于物质和暗物质的两倍……通过一系列推论，说明能看到的世界只是5%，更多是我们看不到的。

周：就是说，我们只看到了物质，看不到暗物质，也看不到暗能量。科学家们把自己无法认识和把握的存在，给它一个定义——暗。

济：从神本到人本的思想演化上，佛教和西方的不同在哪里？

周：整个思路的共同之处在于：神本时代以神的主宰力解释宇宙人生的一切，到人本时代觉得这个解释不对，并不存在作为主宰的神的力量。那么宇宙到底是怎么回事？人生到底该怎么过？是需要人自己思考的。

缘起说，是智者释迦牟尼提出的一种看法。他没有依赖神力解释问题，我觉得是一种理性的解释，是自己观察现象并从中得出结论，不是预定的。和理性相反的判定叫独断论——你没有多少根据，不需要观察现象。譬如神主宰一切就是独断论，它不需要证明，就这么说。而缘起说要讲道理——为什么万物都是缘起的？这是理性的看法，西方哲学也是这样。

从希腊哲学开始就不用独断论，而要说出世界是什么。但他们没有缘起说，仍把宇宙万物归结为某种本原。从泰勒斯起就在寻找解释万物的东西，也就是万物的来源、归宿和本质。思路分两种，即唯物主义和唯心主义。

一是从自然寻找，比如泰勒斯说万物是水，赫拉克利特说是火，德谟克利特说是原子，或是四种元素，总之是归到某种物质形态。一是柏拉图的思路，将万物归结为理念，或毕达哥拉斯说的数字。虽然两种思路不同，但共同点都是寻找万物背后的本原，那个不变的东西。

济：就是从物质本身寻找起源，不是从另一种力量，而神本是另一种力量。

周：不一定是物质世界，是从宇宙万物去寻找背后的本原，但它可以是精神性的。柏拉图就是找精神的东西，其实类似于神。

济：释迦牟尼佛提出缘起论，不仅仅来自理性思考，而是通过修习禅定，获得定力，开发出遍知一切的观智。再以这样的智慧观察世界，了知诸法实相，了知生命延续的规律。这和西方哲学纯粹通过理性思考是不同的。

周：像我们这种没有定力的普通人，也能充分理解并接受无常、缘起，但空性是另一码事。如果将此作为一个体系，必须有禅定。佛经有没有这方面的描述，释迦牟尼佛是怎么得到缘起这个认识的？在哪部佛经中？

济：《阿含经》有很多描述。禅定是印度各宗教的共同修行，比如四禅八定，并不是佛教特有的。佛陀出家后，跟随当时两位最有影响力的宗教师修行，很快证悟了最高的非想非非想处定，但他认为这不是究竟涅槃。此后又通过各种探索，最终在菩提树下入甚深禅定，由禅定成就观智，发现了生命相续、生死轮回的规律。这个过程就是十二缘起——即无明、行、识、名色、六入、触、受、爱、取、有、生、老死。

在生命长河中，众生都是随波逐流，所以轮回生死，无有出期。

佛陀逆流而上，从老死开始向前寻找。老死的因是什么？是生。生的因是什么？是业有。业有的因是什么？是对五蕴的执取。执取的因是什么？是对各种境界的爱著。爱的因是什么？是苦乐忧喜舍的感受。受的因是什么？来自六根对外界的接触……一步步往前推，最后佛陀发现，个中原理就是"此有故彼有，此生故彼生；此无故彼无，此灭故彼灭"。

看到缘起，也就看到无自性空，看到一切法的如实相。佛陀成道后的最初说法，以四谛法门揭示了两重因果，即轮回的因果怎么产生，解脱的因果如何完成。佛教的所有法门，无非是帮助我们认识这两种因果，进而通过修行断除轮回，成就解脱。

周：轮回因果是认识，解脱因果是实践。

济：对轮回的因果不只是认识，认识固然重要，而且是必不可少的，但仅靠认识是不够的。只有将闻思正见落实到心行，断恶修善，得定发慧，才能将生命从轮回导向解脱。

4. 共存还是取代？

济：在西方，不论人本思想发展到什么程度，对神的信仰始终存在。而佛陀提出人本思想后，在佛教信仰中，神本思想就不起作用了。你有没有发现这样的不同？

周：你说得对。西方从神话到哲学，从苏格拉底开始关注人生问题，但这些古希腊哲学家，尤其是苏格拉底、柏拉图，都有灵魂的观念，只是和以前的神话已经很不一样。真正说起来，神话时代的奥林匹斯众神，是把人间生活搬到天上。所有这些神，包括至高无上的宙斯在内，其实都有人的七情六欲，过着人的生活，只是更加欢乐、自由而已。所以尼采把希腊神话说成一种生命宗教，它是肯定生命的，而且把生命神化了。

在此之前，西方是没有一神观念的。到苏格拉底、柏拉图开始有隐蔽的一神概念。苏格拉底还不明显，但强调人生的目的就是修炼自己的灵魂，然后带着好的灵魂到另一个世界，即神的世界。到柏拉图就非常明确，认为现实世界外还有理念世界，我们是从那儿来的。这就类似基督教所说的天国，虽然其中没有上帝，是以善为最高理念，其实就是上帝。

基督教在古罗马产生后，是从《旧约》、一神论过来的，很容易和柏拉图的思想相结合。在他们的经院哲学中，柏拉图和亚里士多德起到很大作用。他们的哲学成了经典，认为有一个至高无上的精神实体，是纯粹的、概念的、作为现象世界的来源，和现实世界完全不同。这种概念，佛教中恐怕没有。

佛教是从解决人生问题开始的，目的就是为了解决人生问题，这点和苏格拉底很像。但佛教强调生命本身的觉悟，而不是靠神的力量。从这点来说，神的力量确实不起作用了。但佛教有很多理论，还是强调佛菩萨的神秘力量，这是西方哲学没有的。西方哲学认为精神世界完全是抽象的，没有说其中有一种神秘力量在支配我们，没有这个东西。

济：佛教并不是说有另外的神秘力量在支配，而是认为生命有六凡四圣的不同形态。除了我们看见的人和动物外，还有看不见的天人、饿鬼、地狱众生，以及声闻、缘觉、菩萨、诸佛这样的圣贤。这些生命形态来自不同业力，并不是固定不变的。对于六道众生来说，也能通过修行提升自己，成为圣者。

周：但佛菩萨的力量对人间是有影响的。

济：因为他们有慈悲心，能给予众生帮助和指引，而且是无条件的、究竟圆满的帮助，有次第的、因材施教的指引。这种帮助和指引是属于教育式的，不是主宰式的，和其他宗教认定的神的绝对主宰，性质完全不同。

我看到的是，虽然西方张扬人本主义，但始终无法完全取代神本。可不可以说，神本所解决的问题，尤其是宗教层面的，是人本思想所未及的。虽说西方哲学也提出一些思想，和基督教有信仰上的结合。为什么要结合？因为人本不管说得多好，只能完成人间诉求，无法取代立足于神本的宗教诉求。而佛教的人本思想，既能通过缘起因果引导我们建立健康的人生、和乐的生活，同时也能解决信仰诉求，所以完全取代了神本思想。

5. 最高本质来自哪里?

周:探讨信仰问题,一般宗教离不开灵魂。佛教不讲灵魂,如何解决信仰的终极问题。

济:佛教不认为有灵魂存在,以为世界的一切现象都是缘起的存在,没有固定不变的特质,是无自性的。当然佛教也讲阿赖耶识,佛性,空性,这是生命延续的载体,也是宇宙人生的最高本质。

周:真如。

济:佛教认为每个生命本来具足佛性,可以成就生命的独立、解脱、自我拯救,无须依赖另一种外在力量。

周:在这点上,我觉得都一致。西方哲学认为人有灵魂,来自宇宙的最高精神本质。觉醒不是靠外来力量,而是靠你的灵魂。实际上,灵魂来源于宇宙的精神本质,所以从灵魂就可以发现你的来源。也就是说,它认为个体是"小我",但"小我"中有更高的我。说它是灵魂也好,佛性也好,总之是宇宙"大我"派驻在人身上的代表。每人身上都有这个代表,通过和代表见面,受它的教育,就可以认识本性,和"大我"沟通,皈依"大我"。

在这个意义上,是不是可以认为,包括佛教在内,还是有一个神本的背景。梵我一如也好,佛性、真如和宇宙的沟通也好。不管说法怎样,实际还是承认宇宙和个体的精神本质之间存在沟通。这个认识是一致的。

济：这是一个比较大的问题，对这个问题的认识，容易模糊和笼统，产生似是而非的结论——"这个是不是相当于那个，那个是不是相当于这个"，结果可能差之毫厘，失之千里。我们现在讲到基督教，讲到神和人的概念，首先要研究它原初的神和人是什么关系；其次，柏拉图的理念世界和现实人生的关系；第三，印度的梵我一如、"大我"与"小我"的关系；第四，佛教讲空性，和智慧、觉性、佛性的关系。我认为这里差距很大。

佛教为什么说很多宗教无法真正解脱？就是因为对这些问题认识不清。哲学家多数来自猜测，一般宗教对神和人的认识相对模糊。原始宗教建立神的力量，从多神到一神，再到人的这些认识，有的来自宗教层面。但世间有各种各样的神，很多神宣称自己这样那样，事实究竟如何？此外，人在修行过程中会得到神的启示，其中也包括假冒什么神，或是民间通过扶乩得到神启。所以在来自神的启示中，似是而非的内容也很多。

哲学家的个人思考，如柏拉图的思想，是一种推理，并不是实证。早期的泰勒斯等人，觉得宇宙应该是水或数字之类，也来自玄想。他们觉得必然要有本质性的东西，否则宇宙是无法建立的。而且人在宇宙中不能是孤零零的，一定存在某种连结。

其中很多东西，笼统地说，大体是相通的，但这就显得比较草率。我觉得差别很大，不是一般的大。印度宗教有禅修的背景，梵我一如等思想就是立足于禅修。西方的宗教和哲学，有些来自神的启示，有些来自哲学家的玄想。就像上次的对话——我们靠什么认识世界。不同背景下的宗教家和哲学家，认识世界的手段并不一样。虽说内容可能有相通之处，实际上深入程度不同。

周：我觉得还是要弄清他们相同之处在哪里，不同之处在哪里。不同民族的宗教和精神传统一定有共通之处，因为都是人。共同的追求就是让人超越世俗生活，有更高的意义。在这种追求中，虽然会形成不同的宗教体系，但有共同的逻辑——强调人性有更高层面，宇宙也有更高本质，而且人性和宇宙的更高本质是相通的。我觉得一点都不奇怪，因为都要追求更高的意义。

当然佛教有一点非常不同，否认有主宰万物的最高力量。它所说的精神本体，用真如或什么来表达，只是语言而已，实际是无法说清楚的。说到底仍是空性，没有本质的东西，最后是让你认识到这一点。在空性这一点上，我觉得佛教最独特，是任何宗教和哲学没有的。

6. 理性思考和修行体证

济：刚才说到，人类共同的追求就是探讨宇宙和生命本质。在探寻过程中找到终极归宿，实现人生意义，这点我也认可。不同在于，哲学家是通过理性思考，宗教师是通过修行体证对世界作出解释。

佛世时，印度有九十六种外道，对宇宙提出了不同认识。佛经归纳为六十二见，包括世界有没有边际、生命有没有开始等。这些认识来自宗教体验，他们通过禅修看到什么，就觉得是什么。事实上，一切所见都是个人经验呈现的影像，关键取决于认识本身。如果认识能力不足，由此形成的认识，也会存在不同程度的问题。所以一种认识能不能使我们看清真相，成就解脱——这样的审视很重要。必须知道什么是真的，什么是伪的；什么是究竟的，什么是不究竟的；什么是有价值的，什么是没价值的。如果没有分辨的智慧，很可能被误导。

周：那你觉得，在人和世界的本质这个问题上，佛教和其他宗教、哲学最根本的区别在哪里？

济：我觉得有两点，一是在缘起现象上说无我，说明万物没有固定不变的特质；二是告诉我们，每个生命有觉悟潜质，即佛性。

周：这个觉悟潜质和缘起是什么关系？

济：缘起是一种认识论。之前讲到，"自我"有假我、我执、佛性三个层面。缘起是引导我们正确认识假我，进而摆脱我执，找到自己的本来面目，即佛性。如果看不清假我，就会陷入我执，迷失自己。

周：如果一切都是缘起的话，佛性是不是缘起的？

济：佛性不是缘起的，但需要通过缘起的智慧去开显，去认识。

周：真如是不是缘起的？

济：真如也不是缘起的。

周：空性是不是缘起的？

济：不是。

周：还是有不是缘起的东西。

济：因为它们不属于现象。

周：那它是什么？不是现象，也不是本性，是什么？我看佛教书籍，一到这里就想不下去。实际上很多学者在这个问题上想不清楚。冯友兰、方立天谈到这个问题时，是从固有思路去谈，说这证明佛教是承认有神论、承认灵魂的，或者说佛教在这个问题上是矛盾的，都这样解释。

济：凡夫的认识属于意识活动，停留在现象层面。那么超越意识和现象的是什么？对活在意识层面的人来说，这个问题确实比较难，甚至难以想象。因为意识只能认知有限的现象，而宇宙是无限的存在。

我们通常都活在意识中，一念接着一念。那么当意识没有活动时，生命是否就不存在呢？其实不是。因为内心还有一种遍知的力量，它就像海洋，而意识活动不过是海面的浪花。当我们没有相关经验时，不会感到遍知的存在。这就必须接受禅修训练，修定发慧，才能超越意识，体认念头背后的遍知。它和空性是一体的，像虚空一样无限，同时又含藏万物，能生万法。《坛经》有很多相关描述，这种力量是可以体证的，不是不可以。

周：我的困惑在于，这样一个真如也好，空性也好，如果它不是缘起的话，那和佛教最基本的无自性之间，不就不能相容了吗？

济：佛教说缘起，是引导我们正确认识有为法，并不是针对无为法。有为法包括世间万物，也包括我们的意识活动，是有造作的，所以是缘起的。

周：内在现象和外在现象都是有为法。

济：都是缘起的，无自性的。其实佛教也常用"自性"这个概念，比如把佛性叫作菩提自性——"菩提自性，本来清净，但用此心，直了成佛"。佛教否定的，只是我们在现象上安立的"本质"。因为一切现象都是众缘和合的假象，没有固定不变的本质。

周：这一点西方哲学也承认，现象本身不是本质。而且现象有不同等级，有完全错误的假象，也有缘起的现象。

济：唯识宗把现象分为三个层面，一是错觉的呈现，即遍计所执；二是客观的呈现，即依他起；三是诸法的本质，即圆成实。对现象的正确认识，目的是让我们摆脱错觉。

周：三性的理论非常好，把认识分为三个层面。但空性和佛性不是缘起的，这个概念超出我对佛教的理解。在我的理解中，佛法认为一切都是缘起的，没有什么不是缘起的。

济：一切现象和事物都是缘起的，但空性和佛性不是现象，不是事物。它是超越二元对立的，不是有，也不是无。

周：但它仍是个东西，否则的话，我们怎么说它呢？

济：所以叫"说似一物即不中"——你把它说成什么都不合适，说了就不对。

周：这就是佛教神秘的地方，也是滑头的地方。

济：一切表达和经验都有片面性，所以它"唯证乃知"，或者说"如人饮水，冷暖自知"。

周：都有很大的局限性，而且会留下把柄，容易产生弊端。你说有，会执著有；说无，会执著无。所以佛教总是用否定的说法，不是这个，不是那个，都不是。

济：对，佛教多半用否定。

周：这没办法，世界本身就是神秘的。这种表达方式可能最契合世界本来的样子。

7. 神本和人本能否统一？

济：周老师讲到，苏格拉底、柏拉图曾做过哲学和宗教的连结。到文艺复兴后，人本主义思想家们有没有做宗教层面的连结？还是只关注人的幸福和价值实现？

周：实际做的相反，要把人本和神学剥离。

济：那人对宗教的诉求怎么解决？还是干脆搁置这个问题？我看有些人本思想家多少会建立一些连接，如天赋人权之类。是不是在当时的宗教背景下，这样说才能让大家更好地接受人本思想？

周：一般讲文艺复兴，指意大利的文艺复兴，主要是文学家、艺术家等，包括法国《巨人传》之类的小说，表达人性和欲望的解放。文艺复兴后的哲学家，有英国的培根、霍布斯、洛克等。因为整个大环境还是基督教，尽管他们对宗教有一些批判，但还没人敢说自己不信上帝。只是在表达自己的主要思想时，不管对自然界的认识也好，对人类认识也好，尽可能从理性、科学的角度来谈，和神学有所剥离，不承认他们解释世界的主要观点。这样的话，神学和宗教信仰就退居次要地位了。

在他们的著作中，会对宗教的一些说法提出修正，实际是批判和改变。我感觉，他们没有试图把两者串通起来。把人本和神连接的做法，主要是笛卡儿、斯宾诺莎。笛卡儿的二元论提出最重要的两个属性，一是所谓的广延，一个东西有形状、质量等物质属性；一是思想属性，是从上帝那儿来的，人是有灵的。斯宾诺莎则是泛神论，认为自然界有思维的属性，这个属性是从神那儿来的。

济：就是说，他们还是要解决宗教的诉求，同时从哲学层面解决对本质的探索。如果单纯立足于理性思维或玄想，不以禅定修证为途径，对这两个问题是想不通的。

周：我的理解是，文艺复兴后，从法国思想家笛卡儿到英国的思想家们，是以非神学的观念来解释世界。但在他们的哲学体系中，还是为上帝保留了一定位置。在那个时代，不可能做得那么彻底。对他们来说，这是一种让步，也可以说是过渡，过渡到完全以理性解释世界。他们总体还是相信理性万能，并不认为理性有缺陷，还需要别的，比如灵性去弥补。这是走到片面性了。

到现代以后，康德开始对理性提出怀疑——理性可以认识现象，解释现象，但能不能把握根本？西方哲学思想从文艺复兴开始称为近代，到康德是转向现代的转折点。在他以后的西方哲学家，包括尼采、现在的存在主义等，越来越多地看到理性的局限性，对理性主义提出批判。

济：可不可以说，整个西方文明中，神本和人本基本是并存的？即使到现代也是如此。

周：可以这么说。中世纪文艺复兴后，人本主义崛起，虽然有些人对基督教提出批判，比如尼采就极力批判，但现在看来，基督教的信仰传统还是比较稳定的。

济：或者说两者有互补作用，不能取代。一方面，西方人本思想无法解决宗教诉求；另一方面，随着科学的发展，神本思想也无法解释很多现象，无法阻挡人类的理性探索和欲望膨胀。这就使得人本和神本思想同时并存。

周：两者确实不能互相替代。一个是解决世俗生活，一个是解决形而上的终极追求。他们把两条线分开，世俗生活靠理性和科学解决，终极问题靠信仰解决。

济：在佛教中，两者是统一的。

周：所以佛教很独特，可以把世俗问题和终极问题打通。

8. 两种人本思想之定位

济：从神本到人本的过渡，体现了西方人本思想和佛教人本思想的不同。前者重在理性思维，缺少对无限性的体证；后者不仅关注生命的有限性，同时也关注无限性。所以在佛教信仰中，不需要给神本留下空间，这是理论本身决定的。

周：这确实是西方哲学的缺陷所在。因为人本这条线实际是对人的一种认识，认为理性是人的最高本质，人是理性动物，是靠理性解决问题的。但不管是否承认，理性显然无法解决终极问题，最后仍要保留宗教来解决。但佛教并不把理性看作最根本的所在，认为人有更深刻的东西，佛性也好，觉性也好，实际是对心的认识。

济：西方对生命的认识停留在理性，而佛教既重视理性，又超越理性，导向内在的无限智慧，所以既能关注有限的现实世界，也能关注无限的终极问题。这种区别是不同认识手段决定的。

周：看来这是东方哲学的特点。其实中国哲学也有天人合一，认为人心和天的本质相通。到了禅宗，把佛教思想和中国的天人相通相融合，所谓心性相通。柏拉图也有这方面的思想，认为灵魂和宇宙本质、理念世界是相通的，并不纯粹是理性，但后来的西方哲学往往是割裂开的。

济：柏拉图的思想，是否可以理解为哲学上的玄想？从基督教来说也不完全接受，可能会适当吸收这种思想来完善教义。

周：柏拉图是比较复杂的哲学家，年轻时游学埃及，受到埃及神秘主义的影响，很重视迷狂状态。在那种状态中，他已经脱离理性，和理念世界合一。包括基督教认为理性是有限的，达不到终极真理，必须靠天启，即上帝的启示，也是靠一种神秘状态。这种状态和佛教的体证，是不是有类似之处？

济：神启、宗教体验和禅修所证，说的似乎是同一个问题，其实差别很大。在宗教体验中，哪怕是亲身感受，同样有很多迷乱现象，未必可靠，更不代表真相。神启也是同样，因为神是形形色色的，有大神、小神、善神、恶神等。

周：对，还有邪教。

济：所以宗教体验未必就是正确的。对很多人来说，宗教体验有很强的权威性，当你缺乏正确判断时，它所产生的危害更大。

周：这种情况佛教中同样存在，是吧？

济：从个体经验来说，当然有深浅对错。禅修中会产生各种幻象，甚至魔境，如果缺乏判断标准，往往对这些神秘体验感到好奇，就会跟着跑，或执著于此，很容易出问题。佛法特别强调正见，就是让我们掌握判断标准，知道如何应对。其实禅相只是修行过程中的信号，执著错误境界固然会出问题，即使是正常现象，包括进步，只要产生执著，同样会使修行停滞不前。

周：这是方法论的问题，每一步都是有次第、有秩序的。

济：就像我们去一个地方，如果知道终点在哪里，路线和路标是什么，往前走就是了，途中任何风光都不会干扰你。要是不清楚，走两步就以为到了目的地，甚至走到反方向去了。所以见地最为重要，只要方向清晰，方法正确，总是会到达终点的。

二、人是什么？

周：在佛教看来，人的本质是什么？其实这和第一个问题相关。

济：了解作为人的价值，知道应该实现什么目标，会决定我们的选择和生命发展，所以认识"人是什么"特别重要。

周：按照佛教来说，人是缘起的，所以不要太在乎。

济：缘起并不是说不要太在乎。

周：缘起是让人超脱的。

济：缘起是让我们正确了解生命。比如刚才讲到，关于人的定义会影响自己对未来的选择。

周：人是复杂的合成体，有很多不同属性。你强调哪一个，其实是为人生规定了方向，树立了价值标准。

1. 人的不同属性

济：从基督教的角度，怎么看这个问题？

周：基督教强调人是灵魂。

济：是上帝赋予人以灵魂吧？灵魂最终要回归上帝身边，这就是人的价值实现。

周：所以尘世生活实际是天国生活的准备。它的价值就在于准备，要为天国生活做一个好的准备。

济：这是把哲学思想带到基督教中，还是《圣经》就有这样的观点？

周：《圣经》很强调这一点，你不要积累地上的财富，要积累天国的财富。

济：人类祖先在伊甸园时，上帝让他们不要吃智慧果，结果他们没有听从，被赶出了伊甸园。是不是说，上帝并不希望人学会思考？

周：上帝不希望人思考。吃了智慧果以后，人就有了理性认识能力，看到自己光着身子感到害羞，要围上树叶。他们被赶出伊甸园后，就吃不到更高级的果实，那是生命果，可以长生不老。人被剥夺了这种权利。

济：基督教教义中，把《圣经》作为对人的拯救。

周：《圣经》分为《旧约》和《新约》，前者是延续犹太教的经典，后者是由耶稣把原来的希伯来教作了很大改革，更能代表基督教的观点。

济：基督教的信仰总体还是强调因信称义，信者得度，立足于信为第一。

周：信仰第一，要信上帝。

济：这个信就是听上帝的话，听耶稣的话，叫你做什么就做什么。我的理解，他们的修行主要是通过做善事，遵循《圣经》所说的信仰上帝及行善准则。

周：因信称义更重要一点，是把信放在第一，义放在第二，对信仰的坚定性看得十分重要。也就是说，你要相信天国的生活，这是最根本的，不要太看重尘世生活。

济：尘世生活是暂时的，天堂才是永恒的归宿。你说的思考是为回到天国做准备，有没有把哲学思想带进去？

周：没有，它的关键不是思考。这里强调的不是理性，而是相信这一点。现在的生活只是暂时的，是为天国做准备。这点非常明确，完全不是靠理性，就是要相信，不要怀疑。因为身体是暂时的，要死的，而灵魂是永恒的，不死的。

济：灵魂才是生命本质，所以要过灵魂的生活，不要过肉体的、欲望的生活，对吧？所以基督教，尤其是天主教才主张禁欲。

周：天主教教士是不能结婚的，基督教可以，总的趋向一致。虽然禁欲程度不一样，但都是把灵魂生活看成更本质的东西，是目的所在。

济：达尔文进化论对人的认识是另一回事，是从无机到有机、低级到高级。

周：达尔文承认他的学说有局限性。他提出假设——人是通过一步步进化而来，但他也承认，人的认识能力（大脑）是进化论中缺失的环节，进化论无法说明理性认识能力的来源。大脑是怎样产生的？人的自我意识、理性认知能力是怎么产生的？到现在为止，还是一个空缺。

济：进化论的物竞天择、优胜劣汰，极大影响了人类发展。

周：自然选择，生存斗争——翻译成白话就是这样。

济：这种定位决定了人类必须在不断斗争中生存。

周：人的属性应该是分层次的。最基本的，确实就是生物，是一种高级动物，和其他动物在生命、欲望上是一样的，所以人有生物属性。

再高一点，人有理性，有抽象思维，形成了概念、判断、推理这一套逻辑思维。其实动物也有一定认识能力，但没有概念、语言，在认识能力上和人有很大差异。这是第二个层次。比认识能力更高的是道德，中国传统儒家就是这样看的。荀子说："水火有气而无生，草木有生而无知，禽兽有知而无义，人有气、有生、有知，亦且有义，故最为天下贵也。"水火是物质，但没有生命；草木有生命，但没有认识能力；禽兽（动物）也有认识能力，但没有道德。到人就全都有了，也正因为有义，故最为天下贵。所以说，人的最高属性是道德属性。西方也有这一观点。柏拉图认为，人最后追求的是善。善是最高理念，其中也包含道德，是好的生活方式。康德更强调这一点，认为人的认识、理性是有限的，不能认识事物本质，但人有一种能力已触及世界本质，那就是实践能力。人能为自己的行为立法，按照道德做事，这实际上是违背自然的。因为自然法则是趋利避害，趋乐避苦，但道德是超越苦乐的，一定要行为正当，否则他会难受。所以人有先天的道德情感，这是人最本质的东西。

更高层面是基督教的看法，即灵魂、信仰的层面。在这个层面，你和宇宙真理沟通了。这四种观点中，有些因素存在于不同哲学中。包括天人相通，实际上也强调更高层面的、和宇宙本质相通的属性。人是万物之灵，在中国，最早是宋朝哲学家邵雍说的。万物之灵就是能和宇宙精神沟通，是更高的。这样分的话，人的属性就可以分四个层次，即生物属性、认识属性（理性）、道德属性、信仰属性。

济：西方人本思想比较强调人的哪些属性？

周：文艺复兴后的人文主义，更强调的是第一第二，即生物属性和认识属性，强调人的欲望和理性，批判道德和信仰，所以有失偏颇。因为那时强调解放，而道德和信仰都是说服人的，让人规矩一点。

2. 人生的超越

济：从佛法角度，对人的认识也包括这些特点。前面讲到缘起，是一种认识论，代表对生命现象的认识——你怎么看待生命？缘起的生命到底是什么样的存在，有什么样的内涵？

佛法强调人身难得，认为真理和智慧属于人间。人之所以能开智慧、证真理，都是因为人有理性。众生在六道轮回，即生命的六个去向，此外还有四圣，为佛、菩萨、声闻、缘觉，共十法界。其中，人道是转凡成圣的中转站，所以这个身份特别可贵，是六道中其他身份乃至天人所不能及的。佛教把人间称为娑婆世界，娑婆为堪忍义。因为世间有很多痛苦，所以一方面要忍耐，一方面要不断认识自我和世界，从而避苦求乐，改善生命。

在道德层面，佛教认为人和动物最大的不同在于惭愧心。所谓惭，是立足于对自身的要求；所谓愧，是立足于对社会道德的认同。如果自身行为达不到做人标准和公共道德，就会心生惭愧。所以惭愧是在道德基础上产生的羞耻心。

周：就像孟子说的，"羞恶之心，义之端也"。

济：整个道德的建立，一是来自对自我的要求，一是来自悲悯心。

周：就是同情心，生命对生命的同情。

济：从同情心发展出慈悲，从羞耻心发展出道德。你对自己的期许越高，对道德的要求就越高。佛法中有不同层次的道德要求。如果你想成为菩萨，就要遵循菩萨道的道德要求；如果你想成就解脱，就要遵循解脱道的道德要求；如果你只想做个普通人，也要遵循人天乘的道德。这些要求是立足于对自我的期许，我希望成为什么样的人，就要有相应的道德要求。

周：期许很高就做不到，夸大了自己的能力。

济：肯定有这种现象，但它会是一个努力方向。人是多样性的，有魔性，有贪嗔痴，同时还有本自具足的佛性。这是对生命更深层次的认识。在一般的道德层面，即使是行善，也会夹杂贪嗔痴，是有漏、有限、有缺陷的。所以世间善行往往带着强烈的自我，甚至是功利心。

周：包括对自己的期许也是这样，想让自己的等级高一些，有一种自豪感。

济：其实就是自我的重要感、优越感。如何去除这些杂质？单纯靠意识是做不到的。因为意识本身就夹杂无明和贪嗔痴，所以要启动更深层、更强大的力量，有超越意识的观照。佛法对人性有完整而深入的认识，告诉我们，生命是缘起的存在。而缘起代表着规律，所以要分析这个缘起到底由哪些元素构成，其发展规律是什么，这样才能正确选择，断恶修善。否则，我们往往在不知不觉中培养了很多负面力量。

从欲望到理性都有两面性，关键是我们怎么认识并运用。欲望可以成为向上的动力，也会成为争斗的根源；理性可以是追求真理的手段，也会制造罪恶，成为不良心态的助缘。我们了解生命构成的元素，对意识到潜意识、妄心到真心有完整认识，才懂得怎么改善它。

周：很全面，全包括进去了。但实际上，每种理论会有它的侧重点，包括宗教、哲学的理论，对人性的认识有不同侧重，然后将此作为追求目标。把欲望作为人的最高本质，作为应该追求的目标——可能不存在这样的哲学，也不存在这样的宗教。

当然很多普通人是这样做的，把欲望作为人生本质，把满足欲望作为人生意义之所在。但不会有一种哲学公开提倡的，否则就很可笑了。宗教和哲学存在的价值，在于让人提升到欲望以上的三个层面，而不是陷入欲望。这是哲学和宗教的共同所在。一般来说，西方哲学侧重理性，中国儒家侧重道德，而宗教更侧重最高层面。比如基督教看重信仰和灵魂，佛教着重生命的整体觉悟。

济：说到本质，佛教是侧重智慧层面，以生命觉醒为本质。佛教的所有道德，最终都是为了导向智慧。

周：智慧的层面不可能归到第二理性的等级，它是超越的，实际上是最高等级。超越等级的途径不一样，基督教是以信仰，佛教是以智慧，但都是为了超越。

3. 终极的归宿

济：信仰是手段，理性也是手段，通过这些手段最终抵达哪里？基督教是抵达天国，佛教是引导我们体认内在的无限智慧。

周：到极乐世界。

济：到哪里无所谓，如果你已体认这种智慧，其实到哪里都可以。

周：如果这样理解，我觉得，智慧的生命本性就是净土。

济：也可以这样理解。

周：往生西方净土不是最终归宿吗？

济：佛法并不以往生净土为最终归宿，而是把它作为过渡。比如有些人尚未对修行建立高度自信，无法保障自己不退转，就要为他提供一个环境，类似进修。

周：这不在我们这个世界上吧？

济：不在。佛法把我们这个世界称为五浊恶世，投生于此的众生形形色色，要在这样混乱的环境中修行，实在很难，一不小心就会造业流转。所以阿弥陀佛发愿成就净土，为大家提供继续修行的方便。当然佛教也讲人间净土，"随其心净则国土净"。当大家的心清净了，社会自然就是净土。

周：寺院是不是就这样？

济：能达到这样标准的寺院并不多。

周：阿弥陀佛所建的净土是物理世界吗？

济：是物理世界。

周：但还只是过渡？在那里合格后上哪？

济：作为凡夫来说，我们有归宿的诉求，就像在世间头到满意的房子，才能安居乐业。但对真正得大自在的人，可以在十方世界自在来去。因为他们要做的就是度化众生，而不是自己找地方建个安乐窝，所以到哪里都一样。当然也可以像阿弥陀佛那样，发愿创造净土，成就大家到你那里修行。

周：对得道之人来说，不存在去哪里的问题，道就是他的家。

济：总之，西方人本主义思想和佛教人本主义思想对生命的认识不同，关于人的权利、选择、价值实现也不一样。

三、个性解放和个人解脱

1. 个性解放的思想基础

周：谈到个性解放和个人解脱，涉及对自我的看法。对人的本质有不同认识，人生目标也是不同的。西方有个人主义的传统，按理论家的解释，是从古罗马开始的。古希腊时期，人是所谓的城邦动物，希腊人就是作为大集体的一员，对城邦负有责任，遵守城邦法律，为城邦作出贡献，这是他们非常重要的价值。到了希腊后期，城邦开始解体，个人不再明确归属于某个集体，人的独立性显示出来。当时的斯多葛派认为，人不仅属于地上的世界，还属于神圣的世界。在神圣世界中，每个人都是平等的。后来的"上帝面前人人平等"，就是由此而来。

当时产生一种观念，每个人一方面是神圣世界中平等的一员，另一方面又是独立的个体，本身就有价值，而且个体和个体是平等的。在此基础上，产生了自然法权的观念。即每个个体都有天赋人权，老天给了他不可剥夺的权利，其中最重要的是生命权。后来再加上财产、自由等，都是不可剥夺的权利。

这个思想到古罗马时期就比较成熟了。古罗马有个伟大的政治家叫西塞罗，也是哲学家，著作很多。现在一般认为，他是自然法理论的总结者：强调个体本身是有价值的，不能侵犯，人有权实现他的生命价值。这些权利属于天赋，任何人不能剥夺。这一思想流传下来，形成了西方传统伦理观念的核心。

我总觉得，中国最缺个人主义观念，从来是家族主义、集体主义。西方社会为什么比中国发达？根本原因就在这里。西方和中国哲学思想、精神传统的根本差别，也在于个人主义。他们在强调和尊重个人价值的基础上，形成了法治社会，以个人自由为最高原则，每个人都是自由的，有权实现他的价值。但这个自由是有边界的，因为所有个人都有同等权利，你不能侵犯他人权利，否则就要惩罚你。

另一个差别在于西方哲学有形而上学，就是追根究底——现象背后的本质是什么？一定要把它弄清楚。这种思想形成了他们的信仰，讨论世界是有终极本质的。最后的精神本质就是上帝，也是我们的来源。基督教信仰正是建立在希腊形而上哲学的基础上。

我想，这两点在中国都缺。中国哲学虽然有形而上学，但很弱。道家有一些，儒家基本没有，到宋明理学才比较多，个人主义则完全没有。讲到个性解放，其中的重要思想是个人主义。每个人可以选择自己的生活方式，实现自己的价值，哪怕千奇百怪，只要不侵犯他人，别人就管不着。同时，个人有追求利益的自由，而且法律要保护他的自由，其实就是市场经济的思想。这就是个性解放的基础，强调个人主义、个人价值。这可能和佛教的差别很大。

济：刚才讲到古希腊有个人主义的传统，而个性解放主要来自文艺复兴。这一思想出现的背景，是中世纪宗教神权和封建王权对人的束缚。我们讲到解放个性，以及通过个性解放要实现的目标，能不能把它理解为两方面：一是关于人的创造力，一是追求幸福的权利。

周：创造力是它的结果，幸福是个性解放的好处在哪里。

济：在宗教神权和封建制度的双重压迫下，一方面，追求幸福的欲望会被压抑；另一方面，它有很多教条，使人无法自由发挥创造力。而个性解放主要达成两点——一是激发创造力，我想干什么就干什么；二是追求幸福、享受欲望的权利，只要不伤害他人，并且在法律允许的范围内。

周：对，随心所欲。追求幸福也好，实现创造力也好，都是对人性的尊重。尊重个性就表现在，允许每个人用自己满意的方式追求幸福、实现创造力。因为每个人对幸福的看法并不一样。

我认为这是幸福，愿意这样追求，只要不要给别人造成痛苦即可——实际上是强调人的差异性。而人性强调的是共同性，追求幸福是人们共同的愿望，人有创造力也是共同的。但在实现人性的大方向上，我们注重差异性，鼓励多样化，允许每个人按自己的方式追求。只有这样，人类才能幸福。如果给人规定统一的方式，那就都不幸福，或只有少数人幸福。

2. 自由的社会保障

济：西方强调个性解放，主要立足于社会层面。因为在宗教神权和封建王权下形成的各种制度，是使人不自由的。人们希望有一个社会，可以让人自由地张扬个性。

周：它有一个基本价值观，是肯定个性的价值。在这个前提下，社会要创造让个性自由发展的环境，即法治社会。法律不是随便规定的，基本原则是保护个人自由，防范和惩罚损害自由的行为。如果你损害他人自由，就是违法的，包括政府损害个人自由，也要受惩罚，而且它重点放在防止政府侵犯个人自由。因为在国家形态中，合法使用暴力的权力仅属于政府，个人使用暴力是违法的。法治社会的重点，是设计一套制度，防止政府侵犯个人权利。

这里有两个层面，首先，承认个性本身具有价值，鼓励人的多样性，这是理论基础。其次，设计一套社会制度来保护这一点。

济：应该说，法律既保证人的个性自由，同时也防范人的劣根性，防止你在张扬个性的过程中，把劣根性表现出来伤害他人。

周：对，界限仅仅划在伤害他人。只要不伤害他人，你怎么发挥劣根性，自讨苦吃，那是你活该。别人可以教育你，但法律都不能管你。这里有个基本思想：人的行为怎样才算正确，怎样才算错误，由谁来规定？

如果由政府、权威规定，比如皇帝有至高无上的权力，规定什么是正确或错误的，你有了错误行为，就惩罚你。这会造成什么结果？完全不可能有个人自由。所以必须有一个界定：政府可以管什么行为？就是侵犯了他人的自由和权利。只要没侵犯他人权利，哪怕是错误行为，政府可以教育，可以发表看法，可以用舆论来谴责，但不能用暴力制止。

法治社会特别反对"政府给人民创造幸福"的说法，政府没有能力，也没有权利为人民创造幸福，幸福是每个人自己追求的。政府唯一的职责，是为所有人追求幸福创造良好的环境。这从理论上说非常完备，但真的做起来太难了。

济：从人类社会来说，个性解放的思想无疑是个进步，为人们提供了更自由的环境，但在一定程度上成为滋养劣根性的土壤。如果个人解脱是立足于对生命的关怀，那么个性解放主要是立足于社会层面，让人自由地过日子，外在背景来自宗教和政府。

周：它有一个思想根源，是从古罗马开始的。

济：思想根源和社会制度造成的不自由，让人有了追求解放的诉求。

3. 为什么要解脱?

济: 佛教所说的解脱同样是有前提的,是来自生命本身的惑、业、苦。首先是惑,即无明、迷惑、烦恼,由此造业,最终招感苦果。人在苦果中还是看不清,还会继续迷惑,继续烦恼,继续造业,制造新一轮的苦果。如此循环往复,无有出期。我们有没有意识到这些?对这种生命现状是不是满意?如果不满意,就要发心出离,断除迷惑烦恼,建立清净而非迷惑的生命相续。轮回也包括社会现象,其根源同样在于心。

周: 西方人文主义比较积极、向外,强调个性的价值,认为"你是有价值的",希望把它实现出来。而且社会要保护这种实现,为它创造条件。这就使得西方社会蓬勃发展,非常繁荣。佛教个人解脱的前提,不是个人很有价值,而是个人有很多迷惑,是向内解决自身迷惑,预设前提是"你有问题"。我们想象一下,如果按佛教思想来建设社会,会是什么样的?

济: 净土就是根据佛教思想建设起来的,是没有任何副作用的理想社会。其实,佛教对生命并不是完全否定,而是客观评估,指出它的两个层面,一是杂染层面,一是清净层面。而且不是开始就讲解脱,还分人天乘、声闻乘、菩萨乘的不同层次。

人天乘立足于因果原理,遵循五戒十善,通过布施、持戒等善行建立自他和乐的社会。声闻乘教义是让我们看到,即使外在环境良好，只要还有我执和贪嗔痴，依然会有迷惑，依然被生死系缚。从个人来说，虽然有了道德，但不等于有智慧，也不等于没烦恼，并不是理想的生命状态。所以进一步提出，要净化内心，成就解脱。进入菩萨乘，还要在个人解脱的基础上修习慈悲，进一步自觉觉他。总之，佛法对生命的选择和发展是多层面的。

周：各层面一致的地方是要解脱，消除内心的迷惑和贪嗔痴，让自己有清净心。

济：人天乘还没这个要求。

周：程度不太一样。我想说的是，这和西方哲学差别很大，是不是各有价值？对个人欲望和独特能力的肯定，是西方哲学的特点。这种肯定可以导致比较积极的人生，和人类多样化的繁荣发展。

如果仅仅按佛教的思路规划，可能社会很安静，但比较单一。当然，佛教对解决人因为迷惑造成的痛苦和低劣品质有极大作用。两者是不是应该结合起来，解决不同的问题？我觉得不能互相否定，可以把它联合起来。

济：个性解放和个人解脱有不同角度，解决不同问题。如果结合起来，通过解脱的教义去除人性的不良因素，再通过个性解放，帮助人们展现多样的能力，当然是完美的结合，但事实往往不是这样。

如果单纯追求多样性，多样性本身是不是一种价值？就像今天的社会，可能比任何时代更多样，简直多得无以复加，结果却让人活得很累。如果我们以多样性为目的，其实有些盲目。我觉得，允许每个人展现自己的个性，从社会来说是一种文明，值得肯定，但仅仅以多样性作为价值判断并不可取。因为多样性本身说不上好与不好，如果都是好东西，可能还好一点，否则就会如老子所说：五色令人目盲，五音令人耳聋，五味令人口爽。现代人有了那么多便利，却活得如此忙乱，压力重重，其实和追求多样性有一定关系。

周：我们限制一下，只说个性的多样性，不是说现象的多样性。其实对现代社会，西方哲学家有很多批判。其中一个很重要的批判，认为这是单一的、压制个性的社会。这是从工业化进程开始的，分工越来越细，每个人都成为工作的奴隶，机器上的螺丝钉。这样的话都没有个性了。

另一个原因是媒体的发达，造成人们思维、标准的单一。实际上，媒体越发达，越占据支配地位，人就越单一，越没个性。这种虚假的多样性，也是他们批判的。他们强调的是，每个人的个性都能得到开发，所以现在这种新闻主义、媒体支配是很严重的问题。你想想，现在有多少是独立的思想家、艺术家？非常独特的很少，人们都在说类似的话。噪音倒是很多，那不是多样性。

济：从社会制度上说，在这个自媒体的时代，每个人还是可以相对自由地做他想做的事，表达他想表达的思想。

周：自媒体比大众媒体好一些，能对个性发展起正面作用。但现在自媒体之间竞争得很厉害，要刷粉丝量，内容就要吸引眼球。这里就会有种单调性，非常肤浅，也有害处。

4. 人的差异和共性

济：刚才说到个性和人性的问题。个性强调差异，人性强调共性。

周：实际上，差异也是共性范围内的差异，但每个人的天赋是不一样的。

济：个性是建立在共同的人性基础上。某人可能在这方面天赋突出，其他人则表现在另一方面。总之，个性的表现方式，在不同人身上是有差异的。这种不同没有好坏之分，只是体现个体生命的独特性。因为它独特，所以本身就是价值。西方思想家在探讨个性解放的过程中，有没有对人性加以研究？他们对人性有什么看法？

周：那是一定有的。每个关注个性问题的思想家，对人性一定有基本看法，否则没法说个性。比如尼采很重视个性，他年轻时写的一本书就提出——为什么要有哲学？他强调每个人都是独特的存在，大自然再也不可能按同样的元素组合一个你。所以每个人最重要的使命，就是实现自己，作为自己在活。他说，绝大多数人不是作为自己在活，而是作为一种角色在活，是好丈夫、好妻子、好的工作人员，戴着面具、按照社会规范在活。这是不正常的。为什么？他说，夜深人静时想一想，自己的生命只有一次，就会感觉这样活不对，应该活出自己的特色。

之所以这样，有两个最重要的原因：一是懒惰，真正作为自己在活，要付出艰苦的努力，而随大流是最轻松的；二是因为大多数人的懒惰，造成少数人的怯懦、害怕、恐惧。他们很想作为自己在活，可多数人平平庸庸，如果你要做独特的自己，一定会承受舆论压力，被人们指责。他强调的另一点是，每个人身上有更高的自我觉醒，这是宗教、哲学、艺术表达的自我。尼采对人性的基本理论，是强调人性有两方面：一是有健康的生命本能，一是人有超越的精神追求，即更高的自我层面。

济：这个观点是来自思考，还是由实践经验证明的？其中是不是也有模糊的成分？比如他觉得每个人都有超越的"自我"，那怎么认识"自我"、开发"自我"？从心理学来说，有"本我""自我""超我"。在生活中，确实有很多人活在各种角色和社会需求中，为他人、社会而不是自己活着。这就不对吗？

人是有多重性的，比如做好某个角色，原因可能是多方面的，有些来自本能，有些来自理想，也有些来自社会和教育。究竟什么想法和愿望能代表这个存在？自己未必确定。当然一个人在社会上，确实有不愿做又必须做的事，也有很想做又不能做或没条件做的事。

那是不是说，我不愿做的事就不代表我的想法，想做的事就代表我的想法？也可能，你想做的事问题很大，是来自人的不良习性，甚至是犯罪行为。所以这个想法是说不清楚的。

周：我们一定要把它说清楚，这是一个多大的问题，实际上确实是模糊的。成为自己——我觉得这个问题很重要，也很难说清楚。到底什么是自己？做了哪些事就代表自己？界限本身是模糊的，但我们可以用佛教的排除法——什么是空性？这个不是，那个不是。我们也可以这样来排除。

纯粹因为金钱做的，不是自己；纯粹因为职业要求做的，不是自己；纯粹因为他人命令、社会要求做的，你并不想做，做得很不愉快，那不是自己。一个人很难知道自己是什么，但容易知道什么不是自己；很难知道自己要什么，但容易知道自己不要什么。因为那些强加于你的，你会很难受。这是一个过程，可以用排除法慢慢找到。

济：从佛教角度来说，修行往往要经历很多难受的过程，并不是一味顺着自己的心，顺着自己的习惯。因为习性未必是对的，修行其实要不断挑战自己。

周：难受和难受还不一样。一种是自己强加给自己的，我就要这个难受，为了达到什么目的；另一种是别人强加的，我真的不想要，可是没办法。在这个过程中，我们慢慢可以知道，这事适合我做，我喜欢做，做了以后我的人生意义得到实现。产生这种感觉，你基本可以知道，这正在实现自己。这种意义感，我觉得很重要。

济：关于佛教和西方的人文主义，我们还可以找时间再谈一次。

周：这很有意思。我觉得从人文主义的角度来看，佛教真是非常独特，这样就打通了。

济：我们得出的结论是，把个人解脱和个性解放合在一起。

周：其实很难合。比如一个人事业有成，家庭美满，同时内心又很静。这是合在一起的结果，可以体现为——他又积极又安静。

济：大乘佛教有句话——以出世心做入世事。既能积极发挥入世的作用，但又有一份超然、无我、解脱的心态。

周：我觉得这特别棒。这样做事很纯粹，用出世心做入世事，是有距离感的。

济：佛教讲到悲和智，是"悲不住涅槃，智不住生死"。因为慈悲，就不会沉浸于涅槃之乐；因为智慧，虽然积极入世，又能超然物外，不被世间所黏着。这是大乘佛教的结合。《金刚经》开始就说：要度化一切众生，但内心不觉得有众生被我度化；要庄严无量国土，但又对国土相没有执著。相反，声闻乘是偏向出世的一边，世间的人文主义是偏向入世的一边。

人与自我

我们误解了自己

● 2016年，"马云乡村教师进修营"邀我讲座，题为"人与自我"。在考虑讲座思路时，我想了解西方哲学怎么看待这个问题。当年夏天，我和周国平老师应邀去上海玉佛寺"觉群文化周"讲座，活动之余，我们就此话题作了交流。随后，我去北京弘法期间，又作了一次深入对话。西方人本主义重视"自我"，这个"自我"指什么？强调个性、"自我"有哪些利弊？佛教讲"无我"，是不是说"我"不存在？究竟什么代表了"我"？怎么看待"自我"的独立和自由？这些构成了我们两次对话的主要内容。

一、人生三大问题

济：人生有三大问题，一是处理好人与自我的关系，二是处理好人与人的关系，三是处理好人与自然的关系。中国儒家关注人与人的关系，西方文化重视人与自然的关系，而佛教擅长剖析人与自我的关系，认为这是一切问题的根本所在。

如果不能认清"自我"，将使人与人的关系变得复杂，人与自然的关系形成对立。儒家重视人间伦理，事实上，中国的人际关系复杂且未必健康。在西方文化中，人作为主体去征服作为客体的自然，让客体为我所用，却忽略了自我的提升。虽然物质条件改善了，但人心没有改善，所以世界的问题还是很多，甚至更多。为什么儒家没能通过伦理道德建构理想社会，西方哲学没能通过探索自然找到世界真相？我觉得根源就在于没有认清"自我"，没有处理好与自己的关系。

周：这点我同意，儒家文化确实过于注重人与人的关系，注重社会这一块。这个问题可以分为两个层面。第一是自然也好，宇宙也好，世界真相也好，是比较形而上的。第二是人与自己的关系，从西方来说，是处理好灵魂的问题；从佛教来说，是处理好心的问题。这两点做好，社会一定是健康的。

我觉得儒家文化最大的问题就在这里，两头都不顾。形而上的部分很弱，不去追问世界本相是什么，修心也做得不够。它虽然强调修身，但目的是齐家、治国、平天下，还是为了解决外在问题，是在功用和目标很明确的前提下修身。这确实抓到了儒家文化的弊病和要害。

至于西方文化，不能笼统地说。我原来觉得西方在这方面解决得比较好。为什么它的社会发展比较健康？正是因为两头都比较重视。向上注重世界本相，当然它们是有神论，最后走上基督教这条路，认为世界有一个精神本质。其实，上帝无非是宇宙精神本质的代名词。信仰上帝，信仰世界有精神本质，会把精神生活看得很重。向下则强调个人主义，西方伦理学有个核心观念，即每个个体都很重要，不能以社会价值抹杀个体价值。

西方这两点是儒家缺少的。一是形而上学，对世界终极问题的追问；二是个人主义（这不是我们贬低的个人主义，不是自私或个人利益）。有了这两点，社会问题就容易解决。因为有信仰，并且重视个体，就要建立一种制度。这种秩序是保护个人自由的，保护个人追求自己的合理利益，从而形成法治社会。如果社会既有信仰又有法治，一定是良性社会。对西方这个传统，我会肯定得多一点。

二、个人主义导致的问题

济：西方在人本主义思潮影响下，建立了民主、自由、平等、法治的社会制度。相对中世纪的神权统治，这些制度极大促进了社会的进步和发展，但过分强调个人主义也带来了另外的问题。神本思想主导时期，人们更重视精神追求，相应地，对物质的欲望就会降低，不会将之当作一切。而人本主义重视享乐和欲望满足，在这个大背景下，信仰会相对弱化，其权威性也被现代科技所挑战，变得越来越没有说服力。甚至可以说，现代人的"信仰"就是享乐，就是欲望满足。我们要为这样的"信仰"付出什么呢？

笛卡儿之后，强调主客二元对立。以人为主体，就会征服作为客体的自然，无止境地从自然索取资源，服务于人类。以国家为主体，就会侵略其他国家，掠夺更多资源，目的还是为我所用，因为国家无非是放大的个体。这种对立带来了生态环境到世界和平等一系列问题。

周：这种情况在文艺复兴后的确比较严重。包括近代启蒙思想家培根强调"知识就是力量"，在人和自然的关系中，是把自然看成一个工具，可以为我所用，可以支配自然、改造自然。随着西方文明的发展，他们也在反省这种偏颇。我们起码可以看到，现在的生态文明和环保观念是他们率先提出的，说明他们是有这根弦的。和西方哲学、基督教相比，佛法的卓越之处在于，更看重个人的心灵修炼。最后的解决方式，是解决心的问题，解决认识的问题，这是西方系统中没有的。

济：随着现代文明的发展，各种问题在陆续显现。西方知识分子也意识到这一点，开始倡导生态环保，并提出深层生态论、生态中心主义等观点。这些思想在东方文化中早已有之，比如中国说天人合一，佛教说依正不二，都是把自然和人视为一体，和人类息息相关，而不仅仅是生产资源的提供者。

周：生态中心主义就是不再以人类利益为中心，而且反对这一点。生态问题开始引起重视，是为人类的未来考虑：不能为眼前利益损害长远利益。再进一步说，宇宙万物都有各自的权利，人也是万物之一。

济：人是生态环境的一部分。

周：是平等的一员。

济：关键是物质文明的盛行，已让人习惯于它所带来的方便，也把人的劣根性纵容出来。在这种情况下，只是少部分人提出口号，力量不会太大。比如现在让人不开汽车，不用空调，能不能做到？从佛法角度来说，这种文明以及带来的问题，已成为社会的共业。就像开启了力量强大且自动运行的系统，人在其中是难以自主的。

三、发展应该遵循的度

周：从另一个角度想，如果没有经历物质文明的阶段，人们开始就按佛教或道家的观点，把最简单的自然生活延续下来，这些问题就不会出现。但人类会走这样的道路吗？我的意思是说，可能这样一个有很大问题的物质文明的阶段，是不可避免要经历的，然后才能认识到问题所在。

济：既然现代文明已经出现，也可以说它是必经阶段。如果没出现会怎样呢？中国古代也有先进技术，但先贤看到了其中潜在的问题。庄子提出："有机械者必有机事，有机事者必有机心。"这种机心不仅扰乱自心，也与大道相违，就不会继续往这个方向推进。但西方人本主义鼓励人在最大限度上享受欲望，充分展现自己的天赋和才华。在这种文化的鼓励下，才会把人的潜能全部激发出来。

周：我的问题是，这样是不是完全不好？如果人类按照佛教或道家的要求，一直处于清心寡欲的状态，是不是就好？这种价值判断应该怎么做？

济：好与不好，应该从整体而非局部的发展来看待，以长远而非眼前的利益为标准。比如地球的生态环境如何？人类能否幸福、健康地生存其间？现代文明确实带来极大便利，对我们很有吸引力，但也让世界危机四伏。如果唐朝就有现代文明，地球还能不能延续到现在？

周：如果唐朝是这样的话，我们到明朝就会认识到问题并开始改变，就像现在的西方一样。人类还是有理智的，能看到自己的长远利益，从而解决问题。

济：当人类有了这么大的能力后，由此带来的问题，还在人的管控范围吗？人有能力管住自己的心吗？即使你可以管住自己的心，能保证所有人管住自己的心吗？

周：这就得靠制度了。认识到这个问题，然后把它变成一种秩序。

济：现在所说的问题已经超越国家，是全球性的，并不在现行制度的范围内。比如有些国家或当权者为了自身发展，不断向外掠夺。这种掠夺加剧后，必然会引发战争。在过去的战争中，伤害只发生在局部地区，但如今的现代化武器足以把地球毁灭几十次。一旦发生这些战争，绝不在人的管控范围。

周：如果可能的话，像佛教和道家要求的生活状态，人们知足常乐，物质要求很低，生活很单纯，我是很能接受的，但整体来说可能吗？我觉得要从现实出发。人这样一种生物，不仅有欲望，而且有理智来助长欲望，一定会发展出物质文明。这和其他动物不一样。

这就涉及"度"的问题。物质文明应该拥有什么样的节奏，发展到什么样的度？您刚才说的，到了最后，一旦超过人的掌控能力就很危险。但我不知道，现在是不是已经到了这样一种程度？

济：现在是进入听天由命的时代。当然，这是一个前设的问题。

四、什么代表"我"？

济：回到人与"自我"的话题，从哲学的角度，怎么理解"自我"？

周：其实中国哲学对这个问题的探讨不多。就西方哲学来说，对"自我"问题引起重视，也是比较晚的事。

济：我觉得，对"自我"的定义很重要。说到"自我"，否定还是肯定，忽视还是重视，关键取决于"什么代表'自我'"。

周：对。"自我"这个概念的产生，首先基于一个事实：作为人类的个体，都有自己的身体和意识。这个身体是别人无法代替的，意识也是别人无法代替的。意识也包括自己的记忆，是独一无二的，他人不能共有这种关系。我觉得，这是"自我"产生的前提，这种根本差别是不能混淆的。你用什么去命名它？就是"自我"。

每人都是一个"自我"，尽管说"'自我'是一种现象，是不断变化的"，但一个人从出生到死亡的过程中，做任何事都知道"我在做"，哪怕有些事忘了。不管怎样，他所有的记忆、意识、情感、情绪都有统一的中心。谁在感受这些东西？谁在进行这些意识行为？只能说，是一个"我"。

当然这是从现象而言，用康德的概念，这叫统觉。人的意识有一个统觉，把它综合起来的中心，就是自我意识。当这个生命死了，离开这个世界，不会有任何一个人感到"我就是他"。当然你可以说轮回，也有人模糊地感觉到这一点，但绝不是普遍现象。通常来说，一个自我消亡了，那么他的意识也随之消亡，不可能转移到另一个生命。从这些现象，我们都承认说，一个人的身体和行为是有中心的，这个中心就是"我"。当然你深刻地分析起来，说这个"我"是一个固定的"我"，很难说有没有道理。

佛教早就提出，这个"我"是"假我"，是虚幻的"我"。后来尼采也有这个观点，认为"自我"的概念在哲学上是一个错误。为什么西方哲学一定要寻找现象背后不变的本质？首先是对自己内在意识的错误理解造成的。我们认为，我想什么都是"我在想"，做什么都是"我在做"。但他觉得，这是受到因果概念的误导。我的想法也好，行为也好，情绪也好，都是果。前面有一个因，就是"我"。

这个因果概念是怎么产生的？他认为是受语言的误导。因为我们讲话时有主语和谓语，一切谓语都得有主语——这个主语就是"我"，由"我"来做所有行为。也就是说，一定有主导这些作用的东西。实际上，我们对意识的了解完全是错误的，意识不是这样的因果关系，而是很多情绪冲突的汪洋大海，并没有一个主体。他是这样分析的，其实很深刻。这个思想有点接近佛教——人的情绪、意识没有一个主体。

仅从现象来说，我想大多数人都觉得，虽然"我"不是外在的地位、财产、事业，但内在的记忆、情绪、思想总得有一个主体吧？这就是"我"。所以说，产生自我的概念是很自然的，哪怕是一个假象。

济：这确实和佛法接近。从缘起的层面分析，自我是系统的运作，是多元、复合的作用。儒家是立足于社会的伦理建设，探讨作为个人的职责和价值，而不是从生命本身来谈。在印度文化中，则是把大梵天作为"大我"，把个体生命作为"小我"，通过修行达到"梵我一如"的境界。

唯有佛教直接提出"无我"。从中观到唯识，都在破斥这个恒常不变、不可分割、有主宰力、不依赖条件独立存在的"我"。包括其他宗教所说的神我，基督教所说的灵魂，都是独立于生命体之外的，可以分离并主宰生命体。这和佛教所破的"我"是同一个概念。

佛法认为，生命的存在包括身心两部分，又称五蕴。其中，身体为色蕴，心理为受蕴、想蕴、行蕴、识蕴，相当于情感、理性、意志、统觉。对于人们执著的"我"，佛教的质疑是：这个存在是即蕴还是离蕴？如果生命体中有这样一个"我"，它究竟是五蕴的某个部分，还是五蕴之外的某个存在？通过对五蕴的审视，我们可以发现：离开缘起就找不到五蕴，更找不到所谓的"我"。如果在五蕴之外，那和五蕴是什么关系，和生命又有什么关系？所以"无我"还告诉我们，生命其实是系统的作用。

当然佛教也承认有一个"假我"，而且这个"假我"是千变万化、各不相同的。因为系统的综合作用，构成个体的独特性。但这个独特性只是条件的假象，是随着积累而变化的，既可以改善，也可能变糟，其中并没有作为主宰的"我"。

五、自我的价值

周：这样的话，个体生命的统一性在哪里？

济：对"自我"的认识有两个层面，可深可浅。既可以上升到明心见性，代表对觉性的认识；也可以是现象层面的，代表无尽的积累。我们今天坐在这里，以这种方式存在，是由往昔和今生的因缘共同构成的。

佛法并不否定生命现象的存在，而是否定我们对现象的错误认知。因为看不到生命是系统的作用，我们把"假我"当作"真我"，认为其中有恒常的实体，这是一切烦恼的根源所在。这些烦恼又会成为缘起"自我"的一部分，使我们带着烦恼去看自己，看世界，最后越来越看不清楚。修行就是要摆脱误解，认清缘起假我的真相。这不仅是修行的基础，也是迷惑和觉醒的分界点。

周：这里有一个自我价值的问题。西方哲学很强调实现你自己，这是比较积极的人生态度。如果看清"我"是假的，是缘起的产物，那它的价值在哪里？会不会有进取的动力，要对这个"我"负责，把它的价值实现出来？从佛法角度看，实现自我价值的动力在哪里？

济："我"虽然是假的，但并非不存在。现在说话的这个生命体就是"假我"，它能产生作用，也有种种感受，这些都是存在的。之所以要看清"假我"，是因为这样才能认识觉性，找到自己的本来面目。

周：既然是假的，我就随它去。

济：如果不改变，这个"我"会不断制造事端，带来烦恼，让人陷入负面情绪，难以自拔。这些痛苦感受是真切的，躲都躲不掉，也不会随着物质条件的改善而消失。你有什么样的"假我"，拥有什么心态，是充满慈悲心、利他心，还是充满嗔恨心、嫉妒心，对自己乃至他人是完全不同的。

周：不要陷入"假我"，负面情绪都是因为陷入"假我"。但西方人有个很强烈的观念——生命只有一次，而且你的生命是独特的，一定要把它的价值实现出来。这是很大的动力。如果看清是"假我"的话，就会失去动力，那用什么动力来代替它？刚才讲到，对"假我"的认识，从修行来说是一个动力，可以认识真相，求得解脱。但一个人要在社会上实现自己的价值，动力在什么地方？

济：是什么样的动力？这个问题要一分为二。一方面，生命只有一次，所以要实现"自我"的独特价值；另一方面，既然只有一次，有人就会想着"我死后哪怕洪水滔天"。佛教认为缘起的生命现象是假我，同时指出生命不是一次，而是在轮回中不断流转。由过去的积累形成当下的你，现在的积累形成未来的你。这种积累不会因为一期生命的死亡而结束，所以人一定要对自己的心行负责，否则一切果报将回到自身，生生世世地纠缠着你，如影随形。

如果没有因果观念，仅仅看到现世，人就可能为眼前利益不择手段。事实上，这是当今社会道德滑坡的根源所在。当我们了解到，所有言行必将成为生命积累，并由自己承担一切后果，自然会谨言慎行，而不是跟着感觉走，更不会恣意妄为。这么做不仅是对别人负责，更是对自己负责。

从佛教来说，价值是体现于生命内在。如果一个人的生命是良性积累，就是最大的价值所在。不仅对个人有价值，对社会大众也有价值。如果一个人的生命是负面积累，首先会伤害自己，进而伤害他人。外在的一切，不论文艺创作还是科学发明，只是我们完善自身过程中的副产品。我们讲哲学，讲科学，都要立足于因果。佛法是从心灵因果和生命延续的层面，引导我们实现人生价值。

周：就是对我的下一世负责，对我的未来世负责，这是一个动力。

济：不仅是下一世或未来，还包括当下因果。如果生命是负面积累，当下就不可能过好，今生也不可能过好。

六、个性、多样性和独特性

周：西方人特别强调人的个性、多样性和独特性。尼采说的"实现你自己"，正是强调这一点——每个人都是独特的，把这个独特性实现出来，就是丰富多彩的世界。这本身就是价值。英国哲学家约翰·穆勒也说，个性的生长发展，本身是人类幸福的重要因素。如果每个人展现出多样化的个性，得到良好发展，就是让人幸福的社会。他们非常强调独特性和多样性的价值。但从佛教角度来看，一切都是假我，不同个性只是现象层面上的，那怎么看待个性、多样性和独特性的价值？

济：佛教讲缘起，就是让我们尊重世界的差别。每个生命有不同的缘起，必然表现为不同的个性、多样性和独特性。但这种差别或个性本身是不是价值？我想，西方哲学家强调个性本身的价值，是不是出于某个背景？比如在专制、神权的统治下，人的个性被长期压抑，一旦得到释放，就会特别倡导个性的价值。就像矫枉过正那样，属于特定时期的特定情况。

从佛教角度说，个性、多样性和独特性只是代表生命现象的差别，是中性的，本身不应该成为一种价值。生命的价值，在于良性的品质，健康的身心，在于智慧和慈悲，这才是有价值的。

如果一味强调个性，而不是从善恶等标准加以拣择，负面心行也会得到滋长，甚至失去控制，为表现自己的独特而不择手段，不惜走上犯罪道路。我觉得追求个性不是问题，关键在于追求什么样的个性，为追求个性做些什么。如果不强调这一点，会有很大弊端。

周：是，个性独特不一定是价值，也可能是病态的。如果我们去掉善恶、道德的判断，个性多样性本身是中性的。但从社会角度来说，如果能容忍并鼓励个体的多样性，不管它是好的还是坏的，健康的还是病态的，都允许它们自由生长，只要不侵犯他人利益即可。这种宽容和自由就是价值。

济：这点我也同意。在缘起的生命中，东方文化和西方文化有不同侧重。东方文化更多是讲天人合一，强调人的社会性和共同性；而西方文化更多是讲个性解放，强调人的独特性和多样性。人本主义尊重生命的差异，相对专制统治下的没有自由，抹杀个性，让思想统一在条条框框下，从道德判断来说是可贵的，从社会体制来说是进步的，确实给人类发展带来了福祉。但倡导个性解放也导致个人主义盛行，使社会乱象丛生。所以关键是有智慧文化的引导，这样才能在发展个性的同时，建立正向的心态和人格。这一点，不论对个体生命还是整个社会来说都很重要。

七、发展个性的利弊

周：我觉得这两方面并不矛盾。一方面是尊重个性自由发展的权利，一方面是尊重他人，彼此都有做人的尊严。个性解放不能否定对他人的尊重，两者可以统一起来。

济：但统一背后包含矛盾和冲突。如果道德教育、个人修养等方面跟不上，当个性发展到一定程度，只要条件允许，就可能侵犯别人。展现在社会和世界舞台上，这种侵犯是危害很大的。

周：我觉得这不是真正的个性发展，是欲望膨胀。

济：欲望也会成为个性的一部分。

周：这就是定义的问题。怎样才算个性的发展和多样化？我说的个性不是欲望和利益层面的，而是从人的禀赋、对社会的价值来说。每个人有不同天赋、特点和擅长，把这些展现出来就是一种价值，为人类生活的多样化贡献了一份力量。

济：在人的心灵世界，当这些因素产生作用时，可以分得清吗？

周：我们把它分清楚，不让它混淆起来。

济：当事人是分不清的。当它们产生作用时，其实是一个系统在共同产生作用。

周：只要不和他人利益冲突，不损害到社会利益，哪怕他的个性很病态，发展出来会损害他自己，那是他的事，我们用制度来限制那些对他人和社会的损害就行了。但有了这样一个氛围，个性中好的东西才能发展出来，人类的精神创造、文化艺术才能繁荣。如果没有个性，是繁荣不了。当然，鼓励个性发展肯定会有副作用，可以用制度和法律来解决，但好作用更重要。

济：我同意这个说法。比起过去专制的社会政治制度，人本主义思想确实先进了很多。但在个性解放的同时，各种心理有了出口和发展平台，应该通过智慧文化和道德教育，引导人们作出选择，造就良好个性。这是社会健康发展的希望。

周：不能因噎废食，因为可能产生的副作用，从根本上把好的否定掉。我之所以强调这一点，是觉得中国长期的宗法社会太贬低个人了，尤其是对精神优秀的个体压抑得非常严重，毁掉了很多本来可以是精英的人，这个损失非常大。所以有必要强调这一点，对个性不能有太多批判，还是要给他一个空间。

济：中国文化过分强调社会性，抹杀个性；而西方在人文主义思想影响下，特别倡导个性，近乎纵容。

周：不一定是冲突的，怎样让两方面统一并平衡，其中有制度安排的问题。

济：对个性的引导，来自对生命自身的认识，需要有大智慧。儒家思想承担不起这个责任，缺乏认识生命的深度。只有佛法智慧才能让我们看清，什么是需要发展的，什么是需要管理的。

周：是这样。佛教传入中国后，出现了很多个性优秀的大文学家。如谢灵运、李白、苏东坡等，都受佛教的影响很大。魏晋南北朝的文学、哲学都很棒，也和佛教在当时的盛行有关。

济：我们讲魏晋风骨，可见魏晋那些人是很有个性的。

周：所以佛教对个性还是有好处的。

济：佛教首先立足于对个体生命的关怀和认识，在此基础上，再来谈社会的健康和谐。

周：它实际上是对中国宗法传统的一个突破，因为宗法统治太厉害了。佛陀是作为生命个体向宇宙提出问题，然后解决问题。

八、理性和宇宙之理

济：从形而上学的层面，哲学是怎么认识"自我"的？

周：把"自我"分成现象和形而上两个层面的话，我觉得思路大同小异。当然，个体生命不管独特到什么程度，都是一个现象，这点有共同的认识。但背后有没有本体？从西方哲学来说，人的本质就是理性。亚里士多德把人称为理性动物，认为人最本质的特征就是理性。这个理性来自哪里？是和宇宙理性相对应的，这是它的本质。从亚里士多德到斯多葛派都是这样的思路。英国哲学家不关心形而上的问题，德国哲学家是关心的，其实也是这个思路，背后最根本的东西是理性。

这和中国的宋明理学差不多。宋明理学强调理是世界的本体，理在心中，人心中的理和宇宙之理是对应的，可以沟通。在现象的自我背后找本质的话，一定不是"小我"，是"大我"。对"大我"

的定位不太一样，哲学比较多的定位在理性。柏拉图处于中间，认为理念世界是背后的，实际还是概念。后来基督教利用它，把理性变成神秘的东西，就成了上帝。所以无非是这两个，一是理性，一是神秘实体，即上帝。那就不是哲学，是基督教了。

济：西方说的理性，和宋明理学说的理可能不在一个层面。理性偏于认知层面，而理是代表宇宙的内在规则。

周：西方哲学的理也有这些含义，认为宇宙是有秩序的，这个秩序就是它的理。

济：这和柏拉图说的理念一样吗？

周：柏拉图是很特殊的人，虽然他开创了西方的传统。从开创传统来说，他的世界本体也是理性，是概念。柏拉图说，世界万物都有一个名称，也就是概念。但概念在世上并不存在，都是个体的存在。那概念从哪儿来？柏拉图认为，我们曾经在理念世界，现在来到世间，还有一点回忆。所以他说知识就是回忆，回忆到我们之前接受的概念。这些概念是有实体的，在另一个世界，而不是我们现在的世界。后来把另一个世界变成天国，那里有上帝，就和基督教联系起来了。

柏拉图的后继者亚里士多德等，没有把理性、概念等赋予那么多神秘色彩，但他们强调世界是有秩序的，宇宙是有秩序的，这个秩序就是理。我们头脑中的概念和世界秩序是对应的。这个思想到德国哲学家莱布尼茨讲得更清楚了，认为人心和宇宙之间本来就存在前定的和谐关系。另一个哲学家沃尔夫说，宇宙是一个钟，人心也是一个钟，它们是同时开始的，所以时间上是对应的，是两个同步走的钟。实际上都是想说明，人的认识能力和宇宙是有关系、有联结的。

九、存在还是本质？

济：从西方哲学的角度，如果人找不到自己，意味着什么？或者说，如何认识自己，寻找自己？

周：这是西方哲学关注的重点。如果不能认识自我、实现自我的话，人生就没有意义了。实际上，是把人生意义重点寄托在实现自我价值，即发展并实现个性和独特性。当然，它不是完全归结为自我实现，因为他们有信仰，也有更高层面的意义。

济：这不是找到"自我"，而是通过建立一个"自我"来完成人生意义。如果说找到自己，必然面临"究竟什么代表我"的问题。如果只是建立一个"自我"，可以通过某种标准来建立情感、意志、能力、成就等。

周：传统西方哲学强调，"自我"是建立在每个个体的独特性上。不同个体的禀赋不同，所谓的找到"自我"，是说你知道自己的禀赋是什么，让它完成。好像那是萌芽，你让它生长，就算实现"自我"。并不是说，这个"自我"是凭空建立、没有基础的。他们认为，人独特的禀赋就是基础。发展到20世纪，开始认为个人没有这么一个预先设定的东西。尤其是法国哲学家萨特，特别强调"存在先于本质"。就是你生下时并没有本质，没有固定的"自我"，首先是存在。他认为人的自由就在这里，所谓本质是自己建立的，你可以选择自己的本质。

济：这样一个"自我"，和佛教所说的"缘起假我"相似。每个人都有理性，可以通过对"自我"和世界的认识，来选择并发展这种禀赋，把现有生命的优秀潜质发挥出来，从而实现"自我"。这种选择形成了个体生命的独特性，但并不是绝对的。从佛法角度说，理性也是缘起的，会随着认识不断改变，可能优化生命，也可能不断堕落，造成畸形、不健康的独特性。

萨特所说的存在先于本质，也是通过思想、认识，不断赋予这个存在以内涵、以特质。我们赋予的这些就构成"自我"的存在，这个存在同样是缘起的。不论从独特性的角度，还是存在先于本质，其实都是缘起的，并非固定不变。所以佛教称之为"假我"，而不是你的本来面目。

周：这一点，西方哲学家也可以承认。在现象层面，缘起造成了这样一个"我"，而缘起本身是变化的。条件会变化，原因会变化，由此造成的"自我"也在变化中。实际上要问的是，"假我"后面有没有一个"真我"？我觉得，对这点完全肯定的就是基督教，哲学上没有很肯定的回答。只有客观唯心主义会告诉你，"小我"背后有不变的精神本质，可以说是理性秩序，也可以说是柏拉图的理念世界。在某种意义上，相当于灵魂的概念。

因为缘起的"我"在变化，总得有一个东西在变。什么在变？就是那个不变的———一个永恒的"自我"，也就是灵魂。佛教讲"无我"，否定灵魂的存在。我最近看佛学家吕澂和方立天都提到这个问题，说佛教否定灵魂，但又讲轮回，他们认为这里有矛盾。这个问题我原来也提到，我觉得您的解释还比较有说服力。但方立天提出，这其实是个矛盾，佛教在发展过程中就想解决这个问题，所以除了强调"无"以外，又强调"有"，背后还是有不变的本质，阿赖耶识就有灵魂的特点。

济：哲学对自我的建立，还是停留在现象层面的思考，由此建立缘起的"假我"。那么"假我"背后究竟有没有"真我"？确实是宗教问题。比如印度教认为，宇宙的终极主宰是大梵，而人是大梵的分有。在个体生命中也有作为主宰的"我"，叫"阿特曼"，具有常、一、不变、主宰的特点。常是永恒，一是说明其存在不可分割，不变是说明它不会变化，主宰是说明它对宇宙或个体具有主宰作用。

在轮回中，我们的肉体会消亡，但这个"我"不会消亡，并作为这期生命到下期生命的连接。人因为无知，忘记自己和梵的关系，从而迷失自我，产生种种贪着和烦恼。如何解脱？首先要认识自己和梵的关系，然后通过苦行和禅定摆脱烦恼，最终达到梵我一如。

佛法所说的"无我"，正是针对印度传统宗教中梵我的概念。佛教对生命和世界的认识，包括解脱、因果、轮回的建立，对无常、无我、空性的认识，最重要的理论基础就是缘起，所谓"未曾有一法，不从因缘生。是故一切法，无不是空性"。这种空并不是说它不存在，而是一种条件关系的存在。

周：是缘起的存在。

济：也是假有的存在，修行的核心就是否定这个"假我"。在佛教看来，在缘起的现象中找不到不变的本质。如果执著有"我"，就会把这种感觉投射到身份、地位、财富等外在事物，把它们变成"自我"的载体，对此产生"我"的执著。事实上这些都不是"我"，只是条件的组合，是仗缘而生的。

十、现象背后是什么？

周：印度教也好，基督教也好，基本思路是一致的，都知道

"小我"是变化无常的。但对这个事实心有不甘，不愿意这样，所以要在无常变化的"小我"背后寻找不变的本质。最后，"小我"是从宇宙来的。其实不论梵天还是上帝，都是名称而已，意思是有不变的精神本质。每个"小我"身上都有一个东西由此而来，印度教叫作梵我，基督教叫作灵魂。我们无法证明到底有没有梵天，有没有上帝，自己身上是否分有梵我或上帝的东西。但提出这种假设的动机可以理解，就是不愿意个体生命完全是无常的，都会消失，而要"我"永远存在下去。

这里有一个问题，如果这是彻底的假我，没有支撑物。那这样一个"假我"，我们有必要对它认真吗？有必要对它负责任吗？基督教强调灵魂，实际是强调这一点——你要对自己的行为负责，因为这些永远记在灵魂的账上。

济：从佛法来说，缘起是非常深奥的，并不是我们以为的由此及彼那么简单，而是众多因缘的和合。这个"众多"是成千上万，甚至多达亿万的数量级。其中每个因或缘发生变化，都会影响最终结果，所以这种变化又是几何级数的。如果我们看不到缘起的真相，以为其中有恒常不变的"我"，就会对此产生执著，进而投射到各种事物上，一厢情愿地希望这个永恒、那个永恒。希望越强烈，对现实的接受度就越差，即使正常的改变，也会给自己带来痛苦。这不仅是痛苦的源头，也是轮回的根本。佛法否定恒常，并不是为了否定什么而否定，正是看到这种误解造成的危害。

但这种否定可能让人落入虚无，所以佛法同时告诉我们，生命内在还有觉醒的潜力。这种智慧不能以"自我"的方式去认定，因为它不是理性认知的范畴。可见佛教并不是只讲本质忽略现象，而是不离世间法的。所以佛陀既会说胜义谛，指出诸法实相，也会说世俗谛，按照世人认可的道理作进一步引导。而哲学在寻找"自我"的问题上，正如周老师所言，还是通过一个选择建立的。

周：西方哲学讲"自我"，讲个人，首先不是本体论的问题，而是价值观、伦理学的问题，是强调个人存在的价值。当我们谈论社会和个人的关系时，是以个人为目的，社会的作用就在于让个人价值得到实现。而且每个人是平等的，要让所有人的价值得到实现。判断一个社会的好坏，就在于是否尊重个人价值，让个人价值得到实现。它强调的是价值，而不是本体论意义上的"自我就是本质"。

至于印度教、基督教所说的"自我"背后有一个本质的观点，我是从同情的理解来看待的。假如个体背后没有永恒的东西，会让人感到恐慌。西方哲学从古希腊开始一直有终极追问：从世界来说，本质到底是什么？如果所有都是现象，那现象背后的是什么？最后那个不被否定的是什么？从个人存在来说也是如此——人生最后剩下什么？什么是不被否定、永远存在的？要找这个东西。

西方最后把希伯来教和古希腊哲学综合起来，形成基督教，我觉得有道理。因为基督教给了答案——就是上帝。我是这样理解基督教的，它强调作为个人来说，肉体是现象，是暂时的，但灵魂是本质，是永恒的，不会随着肉体的死亡而消失。所以人应该把重点放在灵魂，不要注重肉体。它以这样的思路反对过于世俗化的追求，把精神层面的生活看得更重要，也是人生最重要的部分。它有积极意义，就是让人关注精神，看轻物质和肉体，合理节制欲望。其实佛教也是让人减少欲望，但理由不一样。基督教比较简单化，容易弄懂。

十一、妄心和假我

济：相比婆罗门教，基督教在哲学思想上相对简单一些。因为梵我一如的思想立足于《奥义书》，有完整的理论体系。而佛教对现象自我的认识，是帮助我们更好地找到自己。

周：是哪个自己？如果没有"真我"的话。

济：就是寻找内在觉性。佛法修行有两个系统，一是妄心的系统，通过对现象和缘起"假我"的分析，引导我们认识并改善"假我"，由此体认真心；一是真心的系统，通过禅修等特殊引导，让上根利智者直接体认真心。在理论上，《楞严经》的七处征心是让人通过对心的寻找，看清妄心的虚幻。当你不再陷入虚妄执著时，就有能力体认真心。所以佛教虽然否定"我"的存在，但并不是说，缘起现象的背后没有觉性。

周：妄心是执著于"假我"。看清楚"假我"就是"假我"，证悟"无我"，是不是就能达到真心？所以，妄心和"假我"连在一起，真心和"无我"连在一起？

济：也可以这么说。更精确地说，由妄心构成"假我"的存在。

周：到底哪个是因，哪个是果？妄心是果还是因？缘起造成假我，执著"假我"，把"假我"看成"真我"，就是妄心？

济：因为妄心，对缘起的"假我"产生错误认识。进一步，这种误解又会构成"假我"的延续，并使妄心得到强化。

周：从佛法观点来看，比较好的状态是什么？执著"假我"肯定不好。妄心是一种迷惑，我们看清"假我"，知道它的背后没有实质，不再执著，达到无我的觉悟。但另一种可能是完全看破，放弃"假我"，人生就没有动力了——反正是假的。但从积极的方面看，既然是"假我"，不必太在乎，对这个"假我"比较超脱，这样就自由了。

济：虽然看清它是假的，但并不是不存在。比如你身体不好、心态不好，马上会影响到你。你不能说，反正它是"假我"，就可以无所谓，一般人恐怕没这样的能力。

周：它影响谁呢？如果假我背后没有一个"真我"，它影响谁呢？

济：虽说没有一个"我"，但这个缘起的生命体是有感受的，那种痛苦的感受是实实在在的。

周：实际上是"假我"的感受，但我们对"假我"的感受是关注的。

济：因为"假我"的感受代表缘起生命的存在，和你息息相关。我们不仅要认识到它是缘起假象，还要获得优化它的能力。这种能力是我们本身具备的，即内在的观照力，但需要通过禅修来开发。否则，我们即使认识到问题，也未必有能力改变。

唯识宗修行就是让我们完成生命的转依——虽然是"假我"，也要优化和改变，因为这是修行载体，必须借假修真，不能不理它。唯识有个重要思想是"转依"，一是迷悟依，去除无明迷惑，开发觉醒潜力；一是染净依，去除杂染心行，圆满清净品质。这些都需要反复训练，不是想改变就能改变的。

十二、自我的世俗价值

周："假我"的优化也有两个含义。一是你刚才说的，修行是迷悟和染净的转依，这是觉悟的修行。是不是还有另一层含义——我仍要这个"假我"在世上进取，让它有幸福生活，让它在世俗意义上变得优秀，有作为，有成就，有创造力。佛教不太谈这方面的进取心，但我觉得，"假我"的优化不能缺少这方面的含义。

这就涉及自我价值的问题。尽管我们明白它是假的，但它是个存在，而且是唯一的存在，怎么完成这个存在才有价值？这是绕不过去的重要方面。从佛教的角度，怎么看"自我"的世俗价值？

济：佛教从两个层面看待价值，即现实利益和究竟利益。现实利益是让人生更美满，比如改善物质条件，使家庭幸福、事业顺利等。每种人生都有它的因果，遵循什么样的因，就会有什么样的果。但仅仅追求外在美满并不究竟，如果内在品质没有优化，外在一切都是暂时且变化无常的。所以佛陀告诉我们，要进一步寻求究竟利益。

从解脱道的修行来说，是认识生命真相，摆脱内在惑业，这样才能解脱自在。从菩萨道的修行来说，核心价值是自觉觉他，不仅要解决自身问题，让自己成为优秀的存在，还要帮助普天下的芸芸众生，让他们同样成为优秀的存在。所以佛教不是不讲价值，只是角度不同。

周：我觉得这两个层面都需要。当然，追求究竟利益是根本的，但活在世间，哪怕是作为一个现象，也要灿烂一点，丰满一点。这是人生意义的一部分，而不是否定作为现象的意义，否定世俗的优秀和幸福。我们知道这都是暂时的，是缘起的，不究竟的，尽管如此，它对人的一生还是很有价值的。

济：这个问题主要看你的标准在哪里。如果标准只是做好普通人，希望自己活得成功，活得灿烂，那当然可以。从缘起的层面来说，如果不提出更高标准，世间任何存在都有意义，包括喝杯茶，吃顿饭，都有它的意义。但很多意义只是短暂的，经不起审视。有时候，当你执著这些意义时，还会带来种种痛苦。佛法不是否定这些，而是让我们以智慧看待这一切。如果不站在一个高度来审视人生，那么执著会带来纠结，享受会带来苦果，乐极往往生悲，总是在自己毫无准备时，就莫名地被伤害了。

周：所以最好要有两手，又执著又超脱。光有执著那一面，最后肯定是痛苦。但如果光有超脱那一面，我觉得人生有点太空，让人感觉贫乏。而且经历很多再去超脱的话，可能超脱的感悟会更深刻。所以执著和迷惑的经历，对悟是有好处的，不是没好处的。

济：每个人的成长经历不一样。有些人经历执著后，才能看清世间的浮华本质，否则多少会对这些有期待。还有人不需要经历这些也能超脱，看看别人的经历，就能举一反三。不同人的生命轨迹是不一样的，不能一概而论。事实上，经历后能超脱的人并不多，大部分人还是陷入其中，蹉跎一生。

周：这种人不经历也超脱不了，慧根太差。我想讲的问题是，从佛法角度说，怎么肯定这些世俗价值？比如儒家强调"立功、立言、立德"，这些可能是缘起的、暂时的，但很多人将此看成非常重要的人生意义。我也觉得不能完全否定这些，包括著书立说、为国家立功或成为道德楷模，这些不能说没意义。因为人类总要生存，生活也要有内容，不可能所有人从开始就解脱，我觉得无法设想这种情况。所以生活内容很重要，重视这些，就包含对世俗和"假我"价值的重视。

济：佛教并不否定这种价值，所以有人天乘、声闻乘、菩萨乘的次第。而且有没有价值是相对的，看站在什么标准来说。佛陀并不就此作出价值判断，也不说普通人的日子是没意义的，而是把幸福的因果告诉你——要达到这个目标，应该付出什么努力；或者说，依什么因建立的幸福更长久，且没有副作用，引导我们以正确方法达成目标。

所以佛陀在《阿含经》中是"先说端正法，再说正法要"。端正法，即通过布施、持戒等善行建立美满人生。如果对方善根成熟，不满足于此，才会进一步揭示真相：轮回本质是痛苦的，只有解除惑业，才能究竟安乐。总之，是逐步加以引导，而不是开始就说——欲望是痛苦的，解脱之乐才是究竟的。当然，从轮回本质是苦，多少隐含了对轮回快乐的否定。

十三、否定之后的肯定

周：那佛教肯定的是什么？有没有人生的乐？还是只有涅槃的乐？

济：佛陀真正希望你得到的，就是涅槃之乐，是平息迷惑烦恼之后的究竟快乐。

周：实际上没有积极的快乐，苦没有了就是快乐，可不可以这样理解？极欲的东西都是苦的，把那些灭除之后就是快乐。涅槃的状态就是没有苦。

济：佛教认为世间快乐是建立在迷惑烦恼的基础上，所以让我们追求究竟的无苦之乐。

周：从表面的快乐解脱出来，就是真快乐了——应该是这样的结论。

济：很多痛苦都来自对世间快乐的执著，佛陀是要告诉我们这个真相，而不是一味否定快乐。

周：最好是得到这些快乐后，看明白了，又得到究竟的快乐，两者都有。

济：涅槃乐才是圆满的。

周：道理是对的。表面快乐是由欲望、虚荣心、雄心壮志造成的，哪怕你是为民族、人类创造什么造成的快乐，本质都是虚幻的。这是肯定的，因为都是建立在缘起基础上，都会消失。

济：但佛法也告诉我们，培养内心的正向力量，会给生命带来另一种快乐。心既是痛苦的源头，也是快乐的源头。

周：正向力量除了智慧以外，还有慈悲。

济：本质上说是这两种。一个人要消除内心的负面力量，开启正向力量，必须十分精进，绝不是消极就能做到的。所以在佛法修行中，始终把精进作为重要项目，为六度之一。如果没有这种努力，人要改变自己非常困难，所谓江山易改，本性难移。

周：我是想说，这和世俗的进取心还是两个概念。世俗意义上的进取心，包括想去争取财富、地位、美女，或者更高一点，想对人类做贡献，不论对个人还是他人，都提供了利益。如果没有这部分，人类生活就会比较苍白。我们要防止的，是把那些东西看得过高。佛法就指出了这一点：无论你多么辉煌，都是低层次的，是缘起的，还有更重要的目标。

济：佛教并不是说，因为它属于缘起现象，就是低层次的，关键是要净化它、改善它。比如从人天善法的层面，生命本身就有存在价值，修行只是让这个缘起更健康，才能给自己带来利益，也给他人带来利益。

周：健康的标准是什么？

济：佛法所说的健康就是善——这个行为不会给自己和他人带来伤害，也不会给现前或未来带来伤害。一个人的努力是单纯为自己，还是为了自他双方，乃至一切众生，性质是完全不同的。所以菩萨道修行要多事多业，通过利他长养慈悲。当你有了慈悲，就能利益更多的人，成就更大的慈悲。我们做的事会过去，但在做事过程中建立的心行，以及生命得到的提升是实实在在的。这种慈悲心的增长，将对生命有长远影响，同时也给他人带来无尽利益。其价值不仅是外在的，更是内在的。佛教更强调这个层面。

十四、自我的独立和自由

济：西方哲学重视"自我"的独立、自由、完善、超越，以及"自我"价值的实现，是不是比较偏向社会性的层面？

周：它有两个层面。从精神层面，一是头脑的独立，对任何问题都要寻找它的根据，不要从众，要有自己的独立思考；一是灵魂的独立，就是解决信仰问题。从社会层面，一是个人自由原则，每个人都是独立的个体，有权追求并实现自己的价值，按自己喜欢的方式生活；一是同等权利原则，每个人都有权利，就意味着你不能损害他人的权利，要阻止侵害他人自由的行为。

西方的法治精神就是建立在保护个人自由的基础上。每个人都有自由，但不能侵犯他人自由，否则必须用暴力防止，靠语言说服是解决不了问题的，所以要有国家、政府、权力。但政府产生后的最大危险，就是侵犯个人自由，因为它权力最大。这是一个悖论。法治的重点是防止政府侵犯个人自由，但没政府是不可能的，必须有政府。所以西方自由主义思想家解决的重点，就是对政府有一系列限制。

从精神层面说，自由包括外在和内在两方面。外在自由是社会环境的自由，内在自由是精神层面的，人的理性、情感、意志都有相应自由。理性的自由是独立思考，意志的自由是道德自律，情感的自由是审美境界。一旦进入审美境界，你就不会被利益追求破坏美感，他们认为这是一种自由。

西方保护个人自由的法治社会，对人类是很大的贡献。因为这些问题不可能靠哲学和宗教来解决，必须落实到社会，由法律来建立合理的社会秩序，并保护这种秩序。西方因为重视个人自由，把个人自由作为基本原则，才会产生以法治保护个人自由的社会秩序。他们的伦理学、价值论都很重视个人价值，人文主义的核心也是如此。因为尊重人的价值必须落实到尊重每个个体的价值，否则就是空的，这一点他们很明确，思想是连贯的。

济：佛教讲的独立，思考角度和西方哲学不同。每个生命内在的觉性，本身就是独立、自由的存在。现实中的人为什么无法独立？正是因为迷失自己，所以对"自我"产生误解，进而对外在世界建立依赖。在依赖过程中，就会为物所役，为物所控。这种被役和被控的程度又和贪著有关。我们对外在事物的依赖越深，就越不独立。只有减少依赖，心才能超然并自主。否则的话，有多少依赖，就会失去多少独立和自由。

周：这是很多思想传统的共同认识。道家也是这样，庄子特别强调这一点，说"失性于俗，丧己于物，谓之倒置之民"，认为把本性丧失在世俗上，把自我丧失在物质上，是颠倒的人。道家很强调生命的自由，精神的自由，希望摆脱功利、物质，进而摆脱社会的法律、礼仪、道德，才是真实的存在。我想，如果中国只有儒家没有道家的话，就非常可怕。

济：儒家和道家其实是一个互补。

周：道家在很大程度上是针对儒家的问题来说的。当然老子和孔子产生的时代差不多，几乎是同时产生的，这很有意思。佛教传入后，进一步弥补了儒家的缺点。

济：西方关于独立的定义中，有没有类似佛教的思想？

周：他们也有，就是比较浅一点，强调不要受外物的羁绊和控制。这个思想从古希腊就开始有，认为人只有摆脱社会控制和物质羁绊才能自由。那些哲学家都出身富豪或王族，但他们放弃财产，不继承王位，对这点看得很明白。比如被我们称为快乐主义哲学家的伊壁鸠鲁，以快乐为人生目标，强调快乐就是摆脱外物束缚。他说，快乐就是身体的无痛苦和灵魂的无烦恼。实际上，自然的欲望很容易满足。一旦你的欲望超过自然需要，痛苦就开始了。所以痛苦的根源就是欲望超过了自然规律。类似的语言很多。

济：不论西方哲学还是东方宗教，普遍能看到欲望给人带来的困扰。那么如何解决欲望？印度很多宗教特别倡导苦行，但没找到正确的着力点，结果过犹不及。

周：无论宗教也好，哲学也好，没有一个流派鼓吹物质欲望的膨胀。看到欲望对人生的破坏性，限制物质欲望，这一点是比较普遍的认识。

济：对生命内在的快乐认识到什么程度，我觉得这里有较大差别。

周：向内开发这一点，西方哲学是比较弱的。它和你说一些普通的道理，基本是老生常谈，常识性的东西。古希腊和古罗马斯多葛派关心人生问题，会告诉你，自然发生的很多事是你无法支配的。既然无法支配，就不必为它痛苦。你要对身外事不动心，这样就能幸福，人生就有意义，所以不动心是他们最重要的概念。

济：怎么做到不动心？

周：想明白道理，就能不动心。

济：还要获得不动心的能力。

周：他们没有修行，就是和你讲道理。佛法实修的这部分，是西方哲学没有的。

我们靠什么认识世界？

我们误解了自己

● 2016 年夏，应澎湃新闻邀请，济群法师和哲学家周国平在上海大宁剧院，围绕《我们靠什么认识世界》展开对话，意犹未尽。随后，济群法师又在北京讲座之余，与周老师在卧佛山庄再续前缘。

一、理性的作用和局限

济：我们靠什么认识世界？是很有意思的话题。讲到认识世界，一定离不开认识。西方人重视理性，一定程度上也重视直觉，并以科学的工具和手段作为重要助缘。那么，西方认识世界的方式和东方有什么差异？共同点又在哪里？

周：从西方的主流来说，是把理性作为人最重要的特征，这也是人和动物的区别所在。如果给人下个定义的话，基本就是——人是理性的动物。理性即逻辑思维能力，包括概念和推理，把具体事物抽象为概念，概念之间的联系就是推理，是思维工具。但光凭理性能不能认识世界？西方哲学对这一点始终是怀疑的。

济：作为人的认识能力，理性揭示的是因果规律。当我们用理性认识世界时，如何让自己的认识符合这种规律？逻辑思维所做的，是通过一些准则来规范理性。如果你的思维方式有问题，得出的结论自然和因果不符，也就和真相不符。

周：西方哲学有个大问题，即你的思维要符合因果规律。但进一步追问下去——这个因果规律是不是世界本相？就出问题了。因为你怎么证明，凭什么断言，它就是世界本相？你用理性思维，把感性材料整理出一个逻辑——什么是必然的，什么是偶然的，但凭什么说这就是世界的秩序？你无法证明。

所以休谟说，这其实不是世界本身的秩序，而是感觉的习惯。因为我们经常看到甲出现后，乙跟着出现。重复多了，成为习惯性的联想，它其实是主观的。到康德就对这个问题作了彻底否决，说因果关系完全是意识的先天结构，人先天就有关于因果的结构。如果没有这种意识，根本无法认识世界。人有了这个结构以后，把经验材料套到框里，就算对世界作出了解释。他认为这个因果关系和世界本相毫无关系，完全是主观的。但不是主观感觉，因为这是人类普遍的，不是个别的。

济：通过逻辑思维所举的例子，比如人都要死，某某是人，所以某某一定要死。这个大前提就有问题，有不可知的因素，因为我们无法断定所有人会如何。但在大前提的基础上，通过小前提得出结论，是立足于相应的现实基础——至少你看到的这部分现实是这样。凡是你举出的人，没有谁会不死。

佛教的因明学是以"同异品"说明问题。在同品中，所有同一类型和性质的对象，具有相同的规律。只要你能举出不同的例子，这个宗就不能成立，这是从现实状况往前推。如果因果仅仅是人的主观认识，那这种认识的基础是什么？如果和世界真相无关，世界就变成不可知的。

周：这就是康德的看法——世界是不可知的，人类认识永远跳不出理性结构的范围。感官从外面接受各种印象，而当理性对感官印象加以整理时，完全是按自己具有的结构来整理，得出的结论还是属于现象，不是本质。本质是人类认识无法触及的。

济：在现象层面可以认识？

周：可以。所以科学完全可以成立，科学去研究因果关系没有问题。

济：那在哲学层面呢？

周：哲学就要谈本质问题，谈世界的本相。康德的结论是，世界本相是根本不能谈的，因为你认识的永远是现象，不可能达到本相。但他又说，人为了行动，为了实践，必须对本相有所假定，并提出三个基本假定。第一是自在之物，物本身是存在的，我们必须假定它的存在；第二是上帝；第三是灵魂不死。必须有自由意志、上帝存在、灵魂不死三个假定，你要做有道德的人才有根据。因为这从理论上是无法分析的，你无法证明，它到底是不是存在。但我们可以凭自己的感受，用一种道德情感来看。

按因果分析，某人做了坏事，可以找到很多原因，比如他的家庭出身、环境影响，或是他很穷，为了生存走到这一步等，好像不应该由他本人负责任。但康德说，我们都有种直觉，只要做了坏事，哪怕有再多原因，仍会感到难受。这种难受从哪里来？它就证明，人还有一种他称为"实践理性"的良知，知道应该怎么做，不该怎么做。怎么解释这种良知的存在？他说，因为人的灵魂受上帝安排，所以会有这种感受。我们无法证明人的灵魂，但从道德情感可以推导出，这个应该存在。

二、认识决定了所认识

济：佛法非常重视对现象世界的正确认识。中观是以二分法看世界，即世俗谛和胜义谛；唯识是以三分法看世界，即遍计所执、依他起、圆成实。我们为什么看不到真相？是因为不能正确认识现象。为什么不能认识现象？又和我们的认识能力有关。《辩中边论》指出，人的认识有颠倒作意和无倒作意。作意就是用心，你用什么心——是颠倒的心，还是不颠倒的心，是认识和修行的关键所在。

如果没有颠倒，意味着你能如实观察世界。现象是怎么回事，你看到的就是怎么回事。当你看到现象的真实存在，就不会构成遮蔽，可以通过现象抵达真相，也就是空性。反之，则属于颠倒作意。因为我们的心是以无明为基础，由此建立的理性会受到感觉的制约、情绪的影响，所形成的认知就是颠倒作意。如果带着颠倒作意观察世界，会看到错觉的呈现，而不是现象本身。因为影像是投射在错觉的平台，就像哈哈镜中呈现的，必然是扭曲的。这种错觉会阻碍我们认识真相，唯识叫作遍计所执。有了遍计所执，就会烦恼、造业、生死轮回。

周：佛法很强调认识，不仅是凭逻辑思维去认识，还强调认识主体的状态——这个状态是不是正确的、干净的。颠倒作意的就是状态错了，即认识主体本身造成他不可能有正确认识。

济：认识主体有两类。一是智慧的状态，如圣贤所见，当下就是世界真相。一是无明的状态，在凡夫的认识系统中，会受到感觉的局限、情绪的干扰，使认识不同程度地被扭曲。但我们可以通过闻思建立正确理性，在此基础上，形成一套类似逻辑思维的结论，佛教称为比量。此外还有现量，属于纯净的直觉，只看到当下的呈现，不带任何思考，而且是超越名言概念的。

唯识宗就是通过严谨的三支比量建立的。说到比量，离不开因明。佛教的因明包括能立和能破两方面，能立是建立正确命题，能破是破斥对方观点。《因明入正理论》说："能立与能破，及似唯悟他。现量与比量，及似唯自悟。"告诉我们，能立和能破主要用于和对方交流，是为了破斥或教导他人。而现量和比量主要用于建立正确认识，可以通过这两种方式纠正误解，是为了自度及度他。此外还有似能立和似能破，所谓似，即相似的比量——这个推理其实有问题，并不是真的能破和能立。

因明是非常严谨的，比如命题的建立，必须离开九种过失。在推理方式上，逻辑先是指出大前提，然后是小前提，最后得出结论。而大前提是假设的，所以逻辑是在假设的前提下得出结论。但因明是先举出命题（宗），把观点放在前面。这个观点能不能成立？接着以理由（因）证明，这些理由必须离开十四种过失。此外还有喻，即展开种种例证。比如某人会死（宗）；因为他是人，所以会死（因）；接着举出某人、某人都死了（喻）。如果有一人不死，那么"某人会死"这个宗就不能成立。反之，只要没有推翻的例证，这个宗就能成立。喻还有同喻和异喻之分，喻要远离十种过失。

三、现量和比量

济：通过因明建立的只是闻思正见，属于意识的认知。而佛法所说的正见包括两个层面，一是闻思正见，属于比量；一是内在正见，属于现量，是心本身具备的，但它是微妙的，不容易被感受到，需要通过禅修开启。因明早期说三种量，除了现量、比量，还有圣言量，即以经教作为建立理论或反驳他人的依据，后来主要说现量和比量。

周：这很有意思，是唯识宗说的吗？

济：唯识宗运用因明的方法论，形成佛教的逻辑学。因明本身属于印度传统的辩论术。印度的宗教哲学非常发达，各宗之间经常展开辩论，输了就要改宗，甚至砍头。在印度早期的六派哲学中，正理派特别重视正理（相当于因明）的研究，《正理经》即此派创始人所撰写的。对因明的借鉴和运用，使唯识宗具有缜密的逻辑性。

周：玄奘当时就和所有人辩过了。

济：玄奘三藏在印度求学期间，常有外道来挑战，佛教大小乘之间也会互相辩论。当时的国王戒日王推崇大乘，特别组织了一场面向全印度各宗派的大辩论。在这场辩论中，玄奘三藏所立的宗（命题）是"真故极成色，非定离眼识。自许初三摄，眼所不摄故，如眼识"，并提出，此言如有不妥或被驳倒，愿斩首相谢。结果十八天没人能更改一字，玄奘三藏因此受到各宗的一致推崇。在这种环境中传播的佛教，重视思辨且逻辑严谨。因为很多论点已经过反复辩论，始终立于不败之地。用现在的话说，是经过实践检验的。

周：汉传佛教辩论的传统不明显，我看藏传还是很兴盛的，现在还有。

济：因明进入汉传佛教和唯识宗有很大关系，所以它的受重视程度，也和唯识宗的命运息息相关。玄奘三藏西行求法，历尽艰辛，把《瑜伽师地论》等经论翻译到中国，形成唯识宗。虽然位列汉传佛教八大宗派之一，但仅仅传了二三传，就后继乏人，几至湮没了。直到民国期间才有复兴之势，可还是未能形成气候。因为没有用武之地，我们现在学到的因明只是书本上的，不是应用中的，而因明的重点在于应用。

周：现量和比量很有意思。实际上是认识的两种状态，一种是靠经验、逻辑思维去认识，一般人都这样；另一种是靠内在的智慧、天才的直觉去认识，这是极少数人。其中是有鸿沟的，一般人达不到现量，再努力也达不到。

济：佛法认为，六识中前五识的认识就属于现量，即耳识、眼识、鼻识、舌识、身识。但这种直觉非常短，只是刹那而已。一旦前五识活动，马上有与之同步的五俱意识产生作用，使我们落入意识状态，前五识的现量直觉作用就不明显了。

周：你说的前五识的直觉成分，其实就是无意识和潜意识。

济：前五识不是潜意识，是属于意识的范畴。唯识宗讲八识，意识包括眼、耳、鼻、舌、身、意六识，潜意识是第七末那识和第八阿赖耶识。

周：就是五官的感觉带有直觉成分。

济：前五识的作用属于现量，但它们活动时，意识立刻随之出现，把各种信息塞进来，对认识形成干扰，使前五识的所见、所闻、所感知，成为被意识改造过的所见、所闻、所感知。

《瑜伽师地论》说，世上有四种真实。一是世间极成真实，即大众共同认可的；二是道理极成真实，即哲人通过逻辑思考建立的；三是烦恼障净智所行真实，即摆脱烦恼后看到的世界；四是所知障净智所行真实，是彻底摆脱无明后看到的世界真相。在四种真实中，后两种进入了圣贤境界。而凡夫的认识会受到情绪、烦恼等因素的影响，不论自以为多么理性，都无法避免这种干扰。很多时候，我们的理性还会为烦恼服务，形成所谓的立场，也就是我执。

周：我们也可以承认前两种有存在价值。各种真实都有它的位置和作用，如果只承认后两种真实，认为前两种是虚假的，普通人就无法生活了。

济：四种真实只是说明认识的不同层次，在不同阶段都是有价值的。在佛法中，如实智非常重要，告诉我们世界和人生到底是怎么回事。有了这样的指引，我们才能对自己的心行作出抉择。

四、理性的作用和局限

济：关于"我们靠什么认识世界"，周老师讲到理性和直觉，佛教也很看重这两点。佛教重视人的身份，认为真理和智慧属于人间，就是因为人有理性。六道中，天人太快乐了，不必动什么脑筋；恶道众生太痛苦、太愚痴了，没能力动脑筋。而人有苦有乐，才会对生命和世界加以思考，寻找改变处境的方法。

佛法认为，我们的烦恼、造业、轮回都和意识活动有关，根源就在于错误认识。如何改变？必须靠理性重新探索和思考世界。所以佛教特别重视无倒作意，将此作为修行关键，比如闻思修的思，八正道的正思维。在四法行中，亲近善知识是为了听闻正法，然后通过如理作意，才能法随法行。但理性只是意识层面的活动，无法直接抵达真理，也无法究竟解决人生烦恼。

心理学家弗洛伊德说，生命就像大海，意识活动只是浮在海面的冰山，潜意识才是深入海底的巨大山体。在认识过程中，一般人会卡在念头中，无法深入。从表面看，每个人是活在这个世界，其实是活在各自的念头中。当某个念头被无限夸大或强化后，一个念头就会成为我们的整个世界，甚至一生就为这个念头活着。而现代人往往是另一个极端，外境的诱惑、声色的刺激，使人被此起彼伏的念头重重包围。时而被这个念头控制，时而被那个念头控制，我们以为自己的生活丰富多彩，其实却在不断地被控，被左右。

怎样才能跳出念头，超越理性的局限？必须通过禅修，开发内心本具的圆满智慧。这是一条向内找寻的道路，也是佛教和西方哲学最大的不同。在禅修训练中，修行者会进入不同状态，产生相应觉受。尤其是定乐，远远超过欲望带来的快乐。如果沉浸其中，同样会被卡住，成为修行障碍。所以对禅修来说，一方面要让心定下来，一方面要有指导修行的正见。只有具备认识的高度，才能抵达生命的深度。

其实禅修并非佛教所特有，而是印度各宗教共同重视的。尤其是神通，是修定后出现的。宿命通可以看到过去无数生，天眼通可以看到未来将要发生的事，还有神足通、大耳通等。其实这些能力并不神奇，正是说明生命的巨大潜能。当然，佛教并不以神通为究竟，而是重视智慧。因为神通是双刃剑，在人格不完善的情况下，有了这种能力破坏性更大。

西方的认识系统，从最初重视对世界本体的探索，到十六世纪开始重视认识论，包括经验论、理性论。此后，存在主义关注的是存在。不论哪一种，用的都是理性，由此产生的认识也存在局限。

周：其实康德就知道理性的局限，所以试图突破局限，开发非理性的精神能力，包括内心体验、潜意识的感悟等。存在主义是重视这一点的。我想知道在佛教中，智慧和理性的界限在哪里？理性肯定是意识层面的，可以说是比量，这是统一区别的概念。那么智慧是不是要突破理性的局限，深入潜意识，把那种能力开发出来？智慧也好，比量也好，是不是都属于潜意识，或潜意识和意识的结合？

五、智慧的体和用

济：我们刚才所说的理性，是属于意识层面的，无法直接抵达空性。那智慧又是什么？和理性是什么关系？首先，智慧是超越理性的。佛法中常常说到，以智慧通达空性（这个智慧属于般若，不是理性层面的认知）。大家会觉得是两个东西，一是主观，一是客观；一是能，一是所，其实不然。

般若思想传入中国初期，僧肇大师曾撰写《肇论》，被誉为"秦人解空第一"。其中的"物不迁论"说明，事物的流动变化是一种假象，只是我们把它联系起来；"不真空论"说明，一切现象都不真实，只是假象而已，所以是空；还有"般若无知论"，所谓无知，其实是超越妄知的遍知，即"般若无知，无所不知"。这是从体和用的角度说明般若和空性的关系——"言用即同而异，言寂即异而同"。"同而异"是说本质相同，但表现在作用上似乎是两个，一是智慧，一是空性；"异而同"是从它的体而言，虽然有两个名字，但本质是相同的。简单地说，智慧来自空性，反过来又体认空性。就像我们经常说，心的本质就是世界的本质，其实并不是两个东西。

空性有什么特点呢？一是空，空旷无限，可以把山河大地容纳其中，也可以产生山河大地；二是明，了了明知，不是死的、没知觉的；三是乐，会源源不断地产生喜悦和快乐。如何通达空性？除了如理思维，还要超越分别，所以般若又称无分别智。这种智慧属于遍知，就像镜子一样，本身就能对一切一目了然，不是靠思考、判断得来的。

周：这种智慧的状态，是不是像庄子说的万物与我为一？我和宇宙合为一体了，所以它是同一个东西，我就是空性，我就是宇宙。

济：在这个层面是不二的，在差别的层面，就各是各的。

周：这两个层面是一高一低，还是同时存在、统一的？

济：在佛法中，对空性的体认有两个层面，一是根本智，一是差别智。通过根本智体认无差别的层面，但这种无差别又不妨碍差别。如果你已体认空性智慧，就能同时活在两个层面，既了知万物差别，又能超越差别，那就自在无碍了。而普通人总是陷入相对层面的执著，就会卡在局部现象中，就像当局者迷那样，其实是看不清的。只有体认到绝对的层面，才能真正看清，种种相对的现象只是假象而已。

周：看见假象，就可以对假象抱有自由的心态，一种游戏的态度。我跟你玩玩，我知道你是假的。

六、理性、情感和意志

济：西方从哲学到科学都是向外探索。随着科学的发展，各种工具也在不断延伸人的认识能力。但东方文化，尤其是佛教，是向内发展。

周：人的精神能力包括理性、情感和意志，但说到认知世界，往往只说到理性，其他两个是不参与的。实际上不是这么回事。当你认识外部世界时，一定是三个同时在起作用，情感和意志也会参与，不完全是抽象的逻辑思维，也是情感投入的过程，意志有所追求的过程。我不知道佛法对这三种能力的参与和认识，有没有什么说明？

济：从佛法角度说，认识并不仅仅是某种心理活动，而是系统性的综合作用。我们认知事物时，既有意志的作用，会和目标、动机相结合，还受情感的影响，比如我们对某人某事的好恶不同，思维方式也会全然不同。所以认知绝不单纯是理性的作用，你的系统什么样，决定了你有什么样的认知。如果系统比较纯净，认知会更客观。反之，如果系统中情绪、经验的力量强大，就会影响我们的观察、思考和判断。

周：这三种能力本身无所谓好坏，都可以起好的作用，也可以起坏的作用。因为人是具备这些能力的。

济：每个人的意志不一样，情感不一样，既会发展出高尚心理，也会发展出负面情绪。当我们在思考问题时，这些心理或情绪又会参与其中。所以，每个人的心理状态决定了你有什么样的认知。

周：我们习惯说的真善美，就是这三种能力得到正确反馈时，理性去认识就是真，情感去感受就是美，意志去追求就是善。如果这三种能力被欲望和负面情绪控制了，对认知就有不良作用。

济：如果被欲望、烦恼控制，这三种能力就可能为欲望、烦恼服务。反过来说，如果和高尚的情操、德行相结合，也会为其所用。

周：理性可以用来追求真理，也可以用来满足欲望，让人变得越来越复杂，越来越可怕。情感也是同样，可能是一种美，一种爱，也可能是很多负面情绪。

济：改变这样一种状态，还是要靠理性。因为纠偏离不开认知，而认知离不开理性。只有以理性重新审视生命，接受智慧、道德的教化，才能调整观念、心态乃至生命品质。人的内心还是对真善美有一份向往，当他接受智慧文化后，会以理性纠正生命存在的偏差。所以佛法对理性的看法有两面性，既是众妙之门，可以成就道德和智慧，又是众祸之根，会成为一切灾难的根源。

周：总的来说，理性是一个工具，本身没有善恶。为什么有人的理性为善服务，有人的理性为恶服务？其中起决定性作用的是什么？觉悟离不开理性，但理性本身是中性的，这个开端在哪里？

济：我们学习各种文化的过程中，会对世界和生命建立认知，形成价值判断。当我们有了判断之后，理性会立足于这一基础作出选择。因为每个人还是希望自己的生命越来越美好。

周：这是一个假设。

济：但我们都希望幸福，这一点不是假设吧。

周：对，希望这个生命状态是好的，不愿意它是坏的。

七、幸福和觉醒

济：希望过得幸福快乐，包括趋利避害、离苦得乐，都是生命的本能。如果我们通过理性思考，认识到真善美可以使人趋利避害、离苦得乐，自然会作出这样的选择。

周：这是靠理性来认识，追求真善美和幸福快乐之间的连接。

济：因为他认识到这样做才能有长久的快乐。就像西方的伊壁鸠鲁认为，一个人满足欲望会快乐，但需要有节制，快乐才能长久。

周：这就承认快乐是更加根本的东西，真善美成为手段。伊壁鸠鲁是这样的，快乐本身就是目的，是最高价值。为了得到快乐，所以要躲避假恶丑，追求真善美。完善主义则认为，真善美本身就是最高价值，体现了人的尊严，是神圣的。可能你在追求过程中伴随着快乐，但这只是副产品，不是最高目的。这两派都承认真善美是好的，但为什么好的理由不一样，一个是手段，一个是目的本身。按照佛教来说，应该接近完善主义——这些价值都是好的。

济：佛法看重的是生命品质，不是简单地说快乐。佛法认为，任何一种行为和品质，与苦乐是有内在因果的。行为的价值在哪里？为什么要遵循道德？因为这是造就高尚生命品质的材料。用好这些材料，生命才会不断增上。

我们现在说到幸福，更多会依赖环境，认为得到什么才能幸福。这样的幸福其实很脆弱，因为环境会不断改变。当不如人意的改变发生时，幸福就会随之失去。所以，真正的幸福是源于内在生命品质。如果你的存在是慈悲和智慧，就会源源不断地带来喜悦。佛法的因果观告诉我们，有什么样的观念和行为，就会造就相应的心态、人格乃至生命品质。

周：品质是因，幸福不幸福是果。

济：也不是说因果，应该是它直接派生的，是这种品质产生的作用。

周：它是一个副产品，是附加的。

济：佛法也会从苦乐感受来谈。因为对很多人来说，生命品质听起来有点抽象，但苦乐就很直接。

周：释迦牟尼出家的开端就是因为苦吧？因为要解决苦的问题。

济：佛陀出家是因为看到老病死，这些都是苦。

周：幸福和觉醒到底有什么关系？我想到三个问题。第一是生命层面，有平常心，可以得到平凡的幸福；第二是社会层面，要有进取心，可以得到世间的幸福；第三是灵性层面，要有觉悟和菩提心，可以得到超越的幸福。

中国古代没有幸福的概念，只有"福"。英文中也没有，happy不是幸福，是快乐。德文是 Glück，是幸运、好运的抽象名词，可以翻译成幸福。最早讨论幸福问题的是亚里士多德，他所用的词翻译成英文，并不是幸福和快乐，而是一种好的存在。有人译为良好生活，我觉得比较准确。生命处于一种好的状态，就是幸福了吧。关于什么状态是好的，会有不同看法，但都是用"幸福"这个词来体现。

济：我作过几次关于幸福的讲座，题目是"心灵创造幸福"，主要讲到几点。首先是如何面对逆境，天有不测风云，很多人的幸福往往会被逆境打破，所以要学会和逆境相处。其次是幸福要有福，主要讲到五福临门。我觉得古人说的五福比较全面，一是长寿；二是富贵，不仅指物质富有和地位尊贵，也包括精神的富有，生命品质的高贵；三是康宁，身体健康，内心安宁；四是有德，这是幸福的基础和保障；五是善终，能安详地离开人世。相比之下，现代人对幸福的理解反而单一，无非是各种享乐。

八、认识手段的局限

济：认识世界的手段，决定了我们对世界的认知程度。

周：对个人来说，这种手段是不可能自由选择的。也就是说，他想用正确的、直达本质的手段，但没这个自由。他是什么样的人，决定了怎么认识世界。作为人的限度，就是他认识世界的限度。因为悟性是天生的，经过努力可以达到一定高度，但这个高度其实已经规定了，差距很大。

济：佛法认为，业力构成的色身有很大局限性。在物质层面，我们眼睛看到、耳朵听到、身体感受到的，其实都很迟钝。在精神层面，意识和潜意识的活动会积累种种经验，进而形成感受，带来爱取有，干扰我们看世界的方式。

人受制于自身系统，只能这样看世界，看自己。好在人有理性，可以接受智慧文化，所以读书和思考特别重要，会让我们看到自身不足。只要有开放的心，都可以通过学习提升自己。所有的文化传承，佛法也好，西方哲学也好，能否对生命系统产生作用，取决于我们对它的认可。这种认可来自你的选择和判断，如果你特别自我，固执己见，即使学习也难以提升。

周：从人类整体来说，受到认识器官和认识能力的限制，这是必然的，不可摆脱。设想有另一种存在，比如外星人，拥有比人类理性更高级的认识，就会看到不一样的世界。所以我们一定是在局限中看世界，而且不知道自己的局限在哪里。因为我们不可能跳出现有认识，以另一种认识能力来看，然后再作比较。有些哲学家是这样解释的：人的这种能力对于生存来说已经足够，更多的能力是不必要的，也就不会具备。

从个人来说，我觉得两方面都很重要。一方面是自身悟性，人的灵性程度、把握生活本质的能力很不一样，有些人会表现出非常好的直觉。另一方面，接受人类积累的经验也很重要。阅读无非是把人类积累的经验放在自己面前，看哪些对自己有参考价值。其中非常重要的一点，如果内心没有需求，即使摆在面前，他也是看不到的。比如一个人从来不思考人生意义，你给他看佛经，看哲学书，他看了完全不明白，和他没关系。所以对人类经验的接受，也受到他所具备的素质支配，这是循环的关系。

济：确实如此，我们在弘法过程中经常遇到。每个人都活在自己的需求和认知中，如果所说超出需求范围，不是他关心的，他是听不进的。但人并不是没有这些问题，所以需要启发。通过有效的启发让他认识到：人生确实有这些问题，而且特别重要，因为这是人类永恒的困惑。如果在以前的时代，或许还能安于现状，混混沌沌地活着。但在今天这个全球化的世界，我们比以往更能感受到作为个体的渺小和脆弱，也比以往更浮躁，更缺乏安全感。在这种背景下，给他一些提醒，可以引发思考。

周：我的意思是说，对于处理阅读和自己内心经验的关系上，更看重内心经验，那是一个基础。我很赞成美国哲学家爱默生说过的一句话：要把自己的生活当作正文，把书籍当作注解。那些东西是来注解你的，但你必须有正文。如果你没有正文的话，注解放在哪儿？没地方放。

济：如果太看重自己的经验和感觉，会不会受制于此？因为经验和感觉有很大的局限性和片面性。

周：我是这样看的，很多人所谓的经验和感觉都是假的。他经历了一些事，但从中得出的东西，并不是从事情本身，经过感受和思考得来的。他在经历过程中，头脑中往往已经有了从外部接受的观念，始终是用现成观念解释这些事，最后得到的仍是观念。这种情况很多。你在这里活着，但没有真正经历过，没有用心体验你的经历。

九、理在心中

周：我想，如果真正用自己的心去体验，不受观念、舆论、意见的支配，得出的东西一定是很好的。要不我们还有什么标准呢？我们没有标准，自己真实的经验就是标准，但一定不能用虚假的经验去影响它。确实存在虚假的经验，就是被观念操纵的。

济：你看重的是基于自身经验产生的标准，还是智者、哲学家提供的标准？是自己来解读经验，为经验做注解，还是通过这些智慧认识，重新看待并修正自己的经验？

周：肯定有这个过程，要用他们的认识来修正自身经验，但这种修正并不是否定。实际上，是通过读他们的书，发现对经验的解释不全面，可以解释得更准确一些。当我们将自身经验上升到认识并加以归纳时，可能会发生偏差。我的体会是，看哲学大师的著作，那些让我心中一亮的，是自己体验到的，他也这么说。这样的东西一定是深刻的。所以读大师著作最重要的作用，是把我已有的好东西发掘出来——原来我还不知道自己有。这种感觉是最愉快的，更让我相信宇宙中有共同真理。大师们的心是真理存在的地方，我的心也是真理存在的地方，真理本身是一样的。

济：这里有两种情况。我们内心有经验的层面，也有超出经验的层面。在学习过程中，有些理论会因自己曾有相关经验引起共鸣，也有的时候，我们可以由此看到自己未曾思考的，乃至生命中未知的部分。

周：是这样，我有点把它混在一起了。我说的"经验"是两个含义，一种是你外部经历了一些事，看到一些人，对世界有一些了解。这种经验当然也需要，但不是最重要的。另一种就是你所说的，超越经验的经验。实际上，我们内心深处总有一块东西是超越经验的，是和宇宙相通的。用佛教的话说，就是你的觉性。这部分是相通的，而且会产生很多东西。你平时可能不知道，然后在看大师们表达的真理时，会发现这个东西自己心中也有。也就是宋明理学说的"理在心中"——天理和人心是一致的。关于人心和宇宙真理有内在联系的观点，其实中西哲学都有。我们更看重的是这一块。

当我们讲真理时，就是讲和自己内在最深刻的经验相一致的道理，我们把它称之为真理。一般性的外部经验，比如这事怎么处理那事怎么处理，那些规律性的东西，我觉得不重要，和人的觉悟没关系，无非是处世工具而已。

十、二元还是一体？

济：东方的哲学和宗教中，印度教说梵我一如，儒家说天人合一，佛教说依正不二。所谓依正，即作为依报的山河大地，和作为正报的个体生命。宋明理学说，我心就是宇宙；佛教说，心的本质就是世界的本质。西方哲学中有这样的思想吗？西方的哲学包括宗教，会不会更偏向二元对立？

周：西方哲学强调理性，要在宇宙中寻找理性的根源。从柏拉图开始就有这个传统，他说，我们为什么会用抽象概念来归纳事物？因为这些我们以为是抽象概念的东西，在另一个世界是存在的。那就是理念世界，即纯粹精神的世界。我们曾在那里生活过，灵魂来自那里，现在投胎到这个世界时，还带着一些模糊的记忆。慢慢地，记忆清晰起来，我们就能用这些概念来认识事物。也就是说，认识能力是我们对理念世界的回忆。他是把人的认识能力和天连了起来。

德国理性主义哲学家莱布尼茨则说，人能用理性认识世界，因为人和宇宙之间存在前定的和谐。人生来就有这种和谐，在你的思维能力和宇宙规律之间，本来就是同样的结构，所以你才能认识。

这和天人合一的思想很像。

如果要为人的理性能力做认证的话，可能天人合一最方便证明这一点——老天给的，老天也是这样。这是最方便的一种解释，所以我觉得并不神秘，实际上是比较容易找到的解释。

济：这表达起来不是很清晰。

周：它没有明确地说：我心就是宇宙，万物皆备于我，万物与我为一。而中国的儒家、道家、孟子、庄子都这么说。

济：是不是可以说，西方从宗教到哲学的思维，总体还是偏向二元对立？

周：它是偏向二元对立，而且想从二走向一，极力把其他元素统一起来。而中国开始就是一，没有分离为二，不需要经过这个过程。

西方哲学的开端，是看到世界变化不定，所以它不是真实的，背后一定有真实的世界，是永恒、不动、不变的。哲学就是要寻找这个世界，可见它的前提就是二元。而中国道家开始就是"道"，没有把它分成二元。宋明理学是中国哲学比较兴旺的时期，还是把理作为最根本的本原。西方哲学的逻辑性特别强，世界到底是什么样的？一定要用逻辑一步步推出来，解释得清清楚楚。这当然是一个优点，但也是弱点。因为世界究竟是什么，不可能从逻辑上推出来。

济：唯识宗也有这个特点。对整个世界怎么建立，有一套严谨的理论，说得清清楚楚。

周：问题是把它说清楚了吗？西方哲学最后说不下去了。玄奘把唯识宗带到中国，其实它后来在印度也没有很大的发展。

济：玄奘离开印度不久，印度佛教就进入了密宗时代。在此过程中，多少吸收了一些印度教的内容，信仰成分加重，教理部分减弱。唯识宗传入中国后，国人对如此哲学化的教义也不太感兴趣。中国传统文化中，就没有对心性和世界作系统性的思考。从哲学层面说，诸子百家对宇宙人生的思考还是比较简单，提出一些概念，没有形成理论体系。

周：老子和庄子还是对世界作了解释，孔子没解释。我觉得这也是孔子的聪明之处，他知道解释不了。佛教传入后，中国哲学开始讨论这些玄的问题，所以佛教对中国哲学的发展有很大推动。我最近写了一本书，就讲到这个问题。王国维是国学大师，可以说是中国近代史学中最伟大的。他年轻时研究德国哲学，对康德、叔本华、尼采下了很大功夫，可根本没人理他，发表文章也没有任何反应。他可能灰心了，得出的结论是——中国不是哲学的民族。他当时用德国哲学的眼光来分析，认为中国没有纯粹的哲学，孔子、孟子、荀子这些人都是道德家、政治家，不是哲学家。因为哲学是两个东西，一是关注根本问题，宇宙的根本是什么；一是要有严格的理论体系，逻辑上要成立。但中国的理论体系中就没有严格的逻辑推理，也很少对宇宙根本的思考，道家有一些，儒家基本没有，到宋明理学才有。

西方走了那么长时间的哲学理论，承认自己失败了。康德以后，西方哲学基本是很悲观的情绪，普遍知道理性是有局限的——哲学这条路走不通。所以开始讨论一些简单的，比如社会问题，不讨论根本问题了。

济：在东方，印度教差不多有三千多年历史。印度人很早就重视禅修，由此形成对生命和世界的解读，所以各种宗教特别发达。

周：印度的宗教仍然发达吗？我看他们很分散，崇拜的偶像都不一样。

济：印度的宗教很多。比如耆那教，佛教称为苦行外道，现在还有大量信众。我们原来在佛经看到各种关于苦行的描写，觉得太不可思议了。但现在用网络一搜，真的还有。这些人对信仰的坚定追求，在印度是受尊重的。当然从佛教角度来看，其中很多属于无益苦行。释迦牟尼出家后也参访了很多宗教，最后发现这些都不是他要的，不是真正的解脱和涅槃。所以，修行这条路并不容易。

佛学、哲学与人生

我们误解了自己

● 主持：施琰（SMG 著名主持人）

　嘉宾：济群法师、周国平

主持：尊敬的各位来宾，各位朋友，大家上午好。欢迎来到第十五届"觉群人生讲坛"的现场，让我们一起跟随佛陀的智慧光芒，同时也共享夏日的文化清风。今天是双休日，大家来到这里，相信对内在清凉有一份诉求，也相信大家能满载而归。说到"觉群文化"，要追溯到十五年前。在觉醒大和尚的倡议下举办了觉群文化周，邀请业界专家给大家传经授道，同时通过佛教文化，让我们对人生有清醒的认识。今年进一步推出"觉群人生讲坛"，希望使佛学与医学、哲学、艺术有多方面的碰撞，让我们以更开阔的思路认识人生。

　　本场讲坛的入场券在网上发售时，不到两小时一抢而空。超过八百个座位能这么快发售完，在意料之中，也是意料之外。意料之中，是本场重量级嘉宾的人格魅力决定的；意料之外，是"觉群人生讲坛"今年刚举办，就有这样的热烈反馈，可见要常态化。我们尊敬的嘉宾，分别是戒幢佛学研究所导师济群法师和中国社科院哲学研究所的周国平先生。

很多人说，我们生活在浮躁的时代，习惯碎片化，乃至和朋友一起吃饭、放松的时候，都是低头一族，不能眼睛对眼睛。虽然很多人意识到了问题，但对如何解决依然迷茫。因为我们被欲望和烦恼捆绑，很难看清自己。这就需要停下脚步，体会一下自己的心。一位是高僧，一位是学者，他们怎么看待佛法和人生？我们非常期待。

一、教育不是培训工具

主持：感谢两位在百忙之中来到现场。我们首先请教的，是和教育相关的问题。教育是百年大计，在座很多听众已为人父母，非常重视孩子的教育，但对中国教育的现状往往忧虑多过欣喜。对于目前出现的诸多问题，不知济群法师怎么看？

济：教育是社会发展的重要环节。现行教育到底存在什么问题，会引起全社会的关注，并让人为之担忧？说到教育，主要涉及两方面，一是教育者，二是教育内容。其中任何一方出现偏差，都会影响到教育效果、受教育者，乃至整个社会。因为社会各行各业的发展，包括中国梦的实现，关键就在于人。可以说，有什么样素质的中国人，最终就会实现什么样的中国梦。

现行教育的重点是传播知识技能，却不重视做人的教育。这种危害或许不会在短时间显现，也不是一两次考试就能看到的，但必然无法幸免。在科技发达的今天，人类的生产力固然惊人，但破坏力同样惊人。如果缺乏道德准则，那么掌握的科学技术越先进，商业手段越丰富，潜在危害就越大。从那些让全世界危机四伏的核武器，到我们身边的各种假冒伪劣，乃至破坏环境、有害健康的商品，究其源头，无不是"教育"的结果。

缺乏做人的教育，不仅使现行教育乱象丛生，更是一切社会问题的根源。什么是做人的教育？我觉得，既包括如何建立精神追求和道德准则，也包括如何拥有健康生活，身心安乐。在这方面，传统儒家是关于做人的教育，而佛教被称为心性之学，是做人的根本所在。因为决定生命品质的关键，就在于他有什么样的心性。如果一个人心灵扭曲乃至疯狂，那么他掌握的知识越多，危害也就越大。

遗憾的是，现行教育在这方面极其薄弱。一个人求学期间，正是心灵成长的关键，如果在此阶段不能形成正确的世界观、人生观、价值观，就会把这种缺失带入社会，甚至伴随一生。所以，未来应该大力弘扬东方传统文化，这将成为人们长久受益的精神财富。

主持：我们已经发现，出现问题本身就是改变的开始。如果大环境无法改变，其实父母就是孩子的第一任老师。从身边做起，教孩子怎样做人。从哲学层面，应该认可二元法，而且有个说法是，没有矛盾就没有世界。周老师您站在哲学的角度，怎么看现行教育存在的矛盾现象？

周：教育最根本的就是培养什么样的人，这点和哲学有关。因为哲学是研究人生、人性的，告诉你人生最重要的是什么。教育，就应该让受教育者得到这些。人生最重要的是什么？我想无非是两点——一是优秀，一是幸福。优秀是从人性意义上说的。人是有精神属性的，要发展好每个人的精神属性，包括自由的头脑、丰富的心灵、善良高贵的人格。这样就优秀了，能享受高层次的幸福。

这就是教育的目标，要把人培养成优秀的人，真正意义上的人，是以人作为目的。而现行教育急功近利，从小学到大学，通过应试教育的选拔，培养出应付考试的人，最终目标就是有个好职业。这就混淆了教育和培训的概念，把教育做成了培训，只是把人训练成好用、能干的工具。培训也是需要的，但只是谋生手段，不能没有教育。

在这种情况下，就会出现应试教育加急功近利形成的恶性竞争。大家都在这条路上往前冲，让孩子超额学习，上各种课外班，就怕输在起跑线上。从家长到孩子都变得很焦虑，很紧张。我自己就是家长，女儿十八岁上大学了，之前从没上过课外班。当然她成绩很好，自觉自律。儿子九岁，小学三年级，很爱玩，很难接受现在的应试课程，尤其讨厌语文课。其实我觉得男孩子爱玩没什么，小时候快乐健康是最重要的。

主持：这倒没有想到，没有遗传您。

周：我也非常怀疑，儿子的语文怎么那么差？后来我发现，语文的教学方式是死记硬背，抠字眼，孩子很讨厌这种方式。其实他叙述事情非常清晰，但因为讨厌写生字，作文中很多字写不出来，所以成绩总是不好。发现这一点后，我就对儿子说："你看爸爸的语文怎么样？"他说："你是作家，语文当然很好。"我说："我小学时语文也不好，这不重要。语文主要是培养语言表达能力，你的表达能力很好，等你会了这些字，就可以写出好文章。没关系，好好玩吧。"我当时唯一的担心，是成绩不好给他造成心理压力，我要去除他的压力。

我觉得在中国的考试体系下，小学、初中的成绩一点都不重要，和他将来有没有出息没有必然联系。看明白这一点，也希望家长们不要太在乎考试成绩，不要再给孩子施加压力。中国家长有个很大的误区，是想把孩子的一辈子安排好，为他规划到未来：好的幼儿园，好的小学、中学、大学，然后找到好工作，觉得这样就是对孩子负责。

我就告诉他们，孩子的未来绝不掌握在家长手上。掌握在谁的手上？一半掌握在自己手上，一半掌握在佛的手上。他以后的遭遇，家长是无法预料也无法控制的，所以孩子应对外在遭遇的心态和能力非常重要。对于家长和学校来说，孩子小时候最重要的是什么？要让他们有幸福、有意义的童年、有良好的心态，具备自己创造幸福、承受人生苦难的能力。这才是对他的未来最重要的，也是家长可以出力的。

主持：我们常常听到一句话，方向远比速度更重要，但现在有些教育本末倒置，总觉得不要输在起跑线上，要加速奔跑。其实每个孩子都是宝，不要急于一时。

二、佛法和哲学的共性

主持：今天的话题，是哲学和佛教之间有没有共通性？在历史上，有些哲人本身也是修行人。法师认为两者之间是什么关系？有什么差异和共性？

济：哲学和佛法有共同关注的问题，这是我和周老师能够多次对话的原因。西方哲学叫爱智慧，而佛法是人生智慧。知识关注现象，智慧关注本质，包括我是谁、生与死、世界真相等终极问题。在这一点上，哲学和佛学是相通的。

佛法修行特别强调对自我和世界的正确认识，认为正见是觉醒和解脱的开端。反过来说，人类为什么有无穷无尽的烦恼？都是源于对自己和世界的误解：看不清自己，才会有关于"我"的烦恼；看不清世界，才会有关于世界的烦恼。如何摆脱烦恼？就要通过闻思树立正见。

佛法有声闻乘和菩萨乘之分。声闻乘的教义比较朴素，重点阐述苦、空、无常、无我等。菩萨乘的教义更为深奥，从中观、唯识、如来藏等不同角度阐述正见。汉传佛教的八大宗派，如天台、华严、唯识、三论等宗，都有完善的哲学体系，让我们更好地认识自我和世界真相。

我们知道哲学重视理性，通过理性思维来认识自我和世界。佛教同样重视理性，认为"知之一字，众妙之门"。正因为如此，佛教在六道中最看重人的身份，认为人身是开启智慧、认识真理、改变命运的关键。但仅仅凭借理性是无法透彻世界真相，也无法认识自己的。所以除了理性之外，佛法特别强调禅修。具备闻思正见后，还要通过实证实修，才能直达本质。

禅修有止和观两个层面。止是让心静下来，不再被欲望和念头左右。有了定力，才能培养观照力，即深层的认识能力。佛法认为每个人都能认识自己和世界，但这种能力属于潜在智慧，不是理性或思维可以抵达的，必须通过禅修才能开启。在这一点上，佛法和哲学是不同的。

主持：佛教讲闻思修，闻而思，思而修，修而证。但说到哲学，"觉群楼"正前方有一块匾是"哲学之府"，是不是意味着，哲学和佛学是你中有我、我中有你的关系？

周：我觉得是相通的。但我首先要表态，我从内心认为，佛学是最深刻、最精妙的哲学，没有一种哲学比得上。哲学、佛学包括基督教解决的问题，都是"人生的意义"。为了解决这个问题，就要弄清世界的真相是什么，从中找到根据，才能过有意义的人生。从这一点来说，哲学也好，宗教也好，都是让人觉醒，让人懂得人生的根本道理，解决怎么度过人生的问题。所以觉醒是它们的共同目标，在这一点上，哲学和佛法非常一致。

孔子说，"朝闻道，夕死可矣"。人生的根本任务就是闻道，知道人生道理。苏格拉底说，未经思考的人生不值得一过。如果没有经过思考，就感到人生没价值，内心不踏实，一定要想明白才释然。释迦牟尼也说，没有听闻正确教法活一百年，不如听闻正确教法活一年。

这些语言非常相似。可见人生最重要的就是觉醒，但解决问题的途径有差别。哲学主要是靠理性思维，用自己的头脑想明白这些道理。在这一点上，刚才济群法师说，佛教非常重视理性思维，但理性有它的局限性。其实我觉得佛教非常重视认识问题，因为他要寻找痛苦烦恼的根源，最后找到——错误认识导致烦恼，正确认识才能达到圆满境界。所以认识是最根本的。

和西方哲学尤其是中国哲学相比，佛教在认识论这部分非常强大。这一点对中国哲学产生了很大影响。如果没有佛教从两汉时期传入中国，中国的认识论是很薄弱的。从那以后，尤其是到宋明时期，一直在研究认识问题。而且宋明理学的心学，如陆九渊、王阳明的观点受佛教影响很大。因为我们最后会发现，要认识世界，光靠理性思维是不够的，还要靠直觉的智慧。佛教强调内在智慧，世人本来是有觉性的，要把它开发出来。后来王阳明也强调这一点，要开发良知。心本来是干净的，只是有了灰尘，把灰尘去掉，就能看到世界本相。

西方哲学就一条路：用理性思维研究世界的本质是什么，从而给人生以指导。但走了两千多年后发现——这条路走不通。所以现在西方哲学出现了危机，很多大哲学家都对东方哲学感兴趣，比如海德格尔对老子很感兴趣。

主持：辩证思考是哲学非常重要的方式，禅宗也说，小疑小悟，大疑大悟。

三、佛菩萨如何保佑众生？

主持：纵观其他宗教，有神论也罢，宗教导师也罢，塑造的都是全知全能的角色。但佛教是无神论，而且佛陀是全知而非全能。这一点很多人会不明白：如果不是全能的话，那么多善男信女去求，说有求必应，是不是有矛盾？

济：佛教和其他宗教最大的不同在于，一般宗教会建立主宰神的崇拜，认为有万能的神创造世界，决定命运。但佛教不认为有万能的神，而是提出"业力"的概念。所谓业，即行为衍生的果，由此决定众生命运。

如果说佛菩萨不是万能的，那么信众到寺院烧香拜佛，佛菩萨到底有没有能力保佑他们？这就涉及一个问题：佛教存在的意义是什么？是不是如我们以为的，只是求保佑？事实上，这并不是学佛最重要的目的。佛法是人生智慧，也是心灵教育，其作用是引导我们认识诸法实相，进而断烦恼、开智慧、长慈悲。一个人学佛是否受益，就看你的贪嗔痴有没有减少，智慧和慈悲有没有增加。这才是佛菩萨对我们真正的加持。这个过程主要靠自己完成，但运用的智慧和方法来自佛教。因为佛陀是觉者，他通过修行看清人生真相和因果规律后，再把这些道理告诉众生。我们来到寺院，真正要做的是学习智慧，将之变成自己的认识，这才是究竟的加持。

另一方面，佛菩萨到底能不能像信众希望的那样，如保护神般地保佑我们？答案并不是简单的是与否。佛菩萨不是全能的，但也不是不能，关键在于我们能否接收到这些加持。其实每个人的存在都有自身气场，并会由内而外地显现出来，对他人产生影响。这种影响可能是良性的，也可能是恶性的。从程度来说，能力大的产生大的影响，能力小的产生小的影响。此外也和彼此是否相应有关，我们应该有这样的经验，面对宁静祥和的人，就容易安静下来；面对浮躁不安的人，心也会起伏不定。但如果一个人内心完全封闭，外境就很难对他产生影响。就像阳光普照天地，可你把自己封闭起来，也是照不到的。同样的道理，虽然佛菩萨有无限的慈悲和能量，但只有众生的心与之相应时，才能得到加持。

主持：所以进入寺院，一方面是来学习佛菩萨的智慧，另一方面在这样的能量场中，确实能得到加持。我们知道周老师研究哲学，对佛教的认知也日益精深。您怎么看待佛教的无神论，包括佛菩萨的加持？

周：同样是宗教，基督教和佛教在有神无神这点上是相反的。基督教强调上帝的启示，但佛教把自力放在首位。至于能否得到保佑的问题，也是自力更重要。释迦牟尼佛在世时，从来没有暗示他是神，还对弟子说：我不在后，你们一是靠法，一是靠自己。他没有说，靠我来保佑你。原始佛教一直把释迦牟尼佛看作是人，是个觉者。对于信众来说，如果把佛陀当作觉者，当作觉醒的巨大力量，这样的话，实际已经在保佑你，很多问题也容易被解决。过分强调佛陀像神那样保佑你，是偷懒的办法，最终还是要靠自己。佛陀也教导大家要发掘自己的觉性，把这点放在首位。我觉得，应该是这样的位置。

四、因果的不同解读

主持：佛教是讲因果的，万法皆空，唯因果不空。但人要眼见为实。比如今天出去淋雨，回来感冒了；或者种下玫瑰，几天后开花了，这些都是因果关系。但某些因果有点看不懂，比如有人一辈子行善积德，结果车祸了；或是有人作恶多端，却逍遥法外，过得挺好。为什么因果没在他们身上发生？怎么用因果观看待这些事？

济：因果是多元而错综复杂的，贯穿生命的过去、现在、未来。现在的部分是大家看到的，容易理解。那什么是过去的因？比如有关健康的因果，除了饮食、起居要规律，还要加强锻炼，避免影响健康的外在因素。即使同样做到这些，每个人的身体状况还是有很大不同。因为受基因的影响，这是往昔业力招感的。再如人际关系，不仅取决于我们对他人有没有爱心、利他心、慈悲心，有没有交流的善巧，还取决于人与人之间的缘分。再如经商，既要经营有道，讲究诚信，也要广结善缘，让他人认同并接受自己，还要有赚钱的福报。总之，世间任何现象都是众多条件决定的。只有了解因果原理，才能把每一步做好，最后结出理想的果。绝不是做好一件事，其他就可以了。

至于好人遇到不幸的事，有人因此归结为"好人没好报"，其实是把问题简单化了。其中涉及几点：首先，他究竟是不是好人？我们很多时候看到的只是一方面，未必了解全部真相。其次，我们对好人往往有一种期待，觉得他既然是好人，关于他的一切都应该是好的。如果出现什么不如意，不符合自己的设定，就会放大这个问题。事实上，是不是所有好人都没好报呢？如果从整个社会调查，到底是好人有好报的多，还是好人没好报的多？结果未必是我们以为的那样。只是我们平时忽略了有好报这部分，觉得这是正常现象，反而关注了没好报的那部分。

关于因果还有两句话，叫作"不是不报，时候未到"。由业感果的时间并不定，就像你说的种花，可能几天就开，可能几个月甚至几年才开，也可能因为养护不当而不开，其中受到诸多因素的影响。在今天这个社会，人们不愿或不敢讲究诚信，觉得这样做会吃亏。但我问过很多人：你愿意交有诚信还是没诚信的朋友？事实上，大家都希望交有诚信的朋友。这就说明，有诚信一定比没诚信的人更能受到认可，当他做事的时候，也一定有更多善缘相助。

主持：我想起有个故事。一位信徒问菩萨：我这么善良，安贫守道地活着，但没有富贵，没有成功，那些整天钻营的人却成功了，这公平吗？菩萨告诉他说，你活得平静、善良、祥和，就是对你最大的公平。所以，菩萨畏因，凡夫畏果，种下善因非常重要。说到因果，在哲学范畴中是不是有相关说法？比如逻辑，可以算是因果的另一种解释吗？

周：因果关系也是哲学的重要范畴。刚才说的因果问题，因是业，是行为、品性，果是报应，就是行为和报应之间的关系。从哲学来说，一个人能不能支配自己的行为？对此有两种看法，争论得很激烈。一种认为人有自由意志，可以支配自身行为。另一种是机械因果论，认为所有行为都是有原因的，可以推到无限多的原因，由此决定你今天的行为，也决定你是这样的人。这些行为是被决定的，你没有自主权。如果你有自由意志，就必须负起道德责任；如果你不能支配自己的行为，就不用负道德责任。

孔子对此有个很通达的看法，他认为人是有自控能力的，所以要对行为负责。一个人有什么样的行为，就有什么样的品性。至于这个行为能不能给你带来世俗幸福，这不一定。还有个说法是"死生有命，富贵在天"，这是宿命论，说的是人能不能支配自己的外在遭遇。而因果决定论探讨的，是人能不能支配自己的行为，对自己成为什么样的人有没有自主权。那要用什么态度对待呢？就是对自己能做主的方面要努力，但对最后的果报，对自己在世间的遭遇是幸还是不幸，这是自己不能做主的，那就随缘，顺其自然。佛教叫作"因上努力，果上随缘"，抱这样一种态度。

说到善有善报，恶有恶报，有些人说，你今天得了恶报，是因为前世作了孽；如果现在造了恶业，今生没有报应，来生也会得报应，是用轮回来解释这个问题。当然也可以这样解释，但我觉得其实都是现世报。比如你做一个善良、品德高尚的人，本身就是对你的好报。因为这会让自己感到做人的尊严，难道不是好报吗？一个人做尽坏事，从来没享受做人的乐趣和珍贵，难道不是报应吗？这是最大的报应，因为这类人活着就没意义。

主持：一个善良、心态平和的好人，最后即使没有善终，但前半生过得自在随缘，就是好报。如果一个人看似在富贵中，但晚上睡不着，为如何害人而焦灼，也如同活在炼狱中。也可以从这个角度理解因果。

五、自我与无我

主持：今天的主题是"佛法与人生"，是围绕人来说的。具体而言，就是关于"自我"的问题。西方哲学很重视"自我"，比如苏格拉底把"认识自我"放在哲学范畴，而现代哲学又把"认识你自己"

作为认识论的一部分。可我们知道，佛学是强调"无我"的。一个要不断发掘"自我"，一个要放下我执，表面看似乎有矛盾之处。先请周老师讲一讲，相对佛法的"无我"，西方哲学中的"自我"是什么概念。

周：苏格拉底讲"认识自我"，其实他所在的时代并不是非常重视"自我"。这个格言是要认识自己的局限性。所以苏格拉底还说了一句名言："我知道自己一无所知"——对于终极的、最深奥的东西，我是不知道的。因为他说出这句话，当时德尔斐神庙的神女就说，他是雅典最智慧的人，因为苏格拉底看到了人的局限性。

强调自我个性，是在文艺复兴之后。文艺复兴以来很重要的观点就是个人主义，认为每个人都是独一无二、不可重复的，本身都是有价值的，不能否定。尼采说的"成为你自己"，更是强调个体的价值、自我的唯一性。

强调个人价值是西方伦理学的核心观点，在个人和社会的关系中，个人是最基本的，社会是为成就个人存在的。在他们建立的法治社会中，核心就是保护个人自由。每个人都要尊重他人自由，阻止侵犯他人自由的行为，否则就要受到法律制裁。我们经常把损人和利己放在一起，实际上是两回事。西方强调利己，你可以追求自己的合理利益，但不能损害他人利益。这是它的基本原则。

这些并不是本体的概念。从本体来说，自我内在的东西到底是什么？各有各的说法。比较常见的，柏拉图以来到基督教，灵魂是自我的核心，是"大我"，不是"小我"。实际上佛教未必是否定"自我"，而是强调不能执著有"我"。我想，尊重个体是有价值的，这点应该是共同的。但个体并不是最后的，"小我"身上还有更高的"自我"——从哲学来说是理性；从佛教来说是觉性；从基督教来说是灵魂，是上帝派到你身上的代表。这个更高的"自我"，才是本质所在。

主持：西方强调个人主义和自我价值的实现，但佛法以放下为第一要素，放下才能自在。法师怎么看待这个问题？

济："自我"还是"无我"，关键在于怎么理解"我"。西方哲学强调"自我"的独特性，其实在佛教看来，从人到世间万物，每个存在都是缘起的，独一无二的。"无我"并不否定生命现象的存在，也不否定这种独特性，而是否定对"自我"的错误认定和执著。只有去除附加于"我"的种种误解，才能找到自己。西方哲学在追求独特性的过程中，会导致个人主义、自我中心，发展出"自我"的重要感、优越感、主宰欲。事实上，这些感觉非常虚幻，会让人迷失自己，是一切烦恼的根源。"无我"要否定，正是对"自我"的误解、执著，以及由此带来的三种感觉。

周："假我"，"无我"，有没有"真我"？

济：佛教也有类似表达，《涅槃经》就说到"常乐我净"，但这种概念容易让人产生误解。佛教中，通常是以一系列否定来呈现。如果不否定对"自我"的错误认识，直接建立"真我"，很容易和"自我"的错误认识混淆，所以一般不讲"真我"。

主持："无我"并不是否定个体的存在，而是否定恒常不变性。因为个体是因缘和合的，逃不脱成住坏空的规律。放下对自我的执著，就是脱离痛苦的开始。有人曾经比喻说，哲学是头脑运动，比如看待世界就在不断发现矛盾，然后经过思考，寻找真理在哪里，问题如何解决。佛法是心性之学，明朝的王阳明就提出了心学的概念。一个是用头脑思考，一个是心学，那么头脑和心的区别在哪里，又有什么共同处？

周：我的理解，头脑是指理性思维。人是通过归纳认识事物的，作为概念存在的事物是没有的，都是个体事物。比如我们看多了茶杯之后，给它进行概括，这就是"茶杯"，且代表所有的茶杯，但抽象的茶杯是不存在的。认识世界必须有这个过程，用逻辑思维形成概念，概念和概念之间有推理关系，然后用语言表述，这都是头脑的作用。但心的作用是直觉的智慧，超越逻辑思维。要认识世界真相，必须靠直觉的智慧，通过理性思维是无法达到的。佛教开始就是走这条路，把智慧看得比理性更重要，阳明心学也是这样。现在一些西方哲学家，比如 20 世纪最重要的哲学家海德格尔也开始走这条路，靠内在感悟去领会世界到底是什么，因为靠逻辑思维走不通了。

主持：学佛是为了明心见性，但很难开始就达到这个目的，前面还需要工具。比如在修行过程中，还是要把头脑思考作为第一步，再进入修心的范畴。

济：经常听到用脑和用心的问题，可能我从开始就接受了佛教教育，所以对这个问题不是很清楚。从佛法来说，人所有的思维，包括情感、意志、理性、分别、注意力等，都属于心的作用，大脑只是作为思维的载体。佛教将人对世界的认识归纳为十八界，即六根、六尘、六识。我们有眼耳鼻舌身意六根，外境有色声香味触法六尘，当六根接触六尘时，会生成眼识、耳识、鼻识、舌识、身识、意识。作为认识器官的根身，包括大脑，只是心识活动的载体，并不是主导。当然心的活动离不开载体，如果相关器官坏了，认识就会受到影响。佛教讲缘起，思维也是众缘和合形成的，六根只是起到载体的作用，并不是思维本身。所以佛法认为，所有思维都是心的作用，而不是大脑。

六、空还是有

主持：真正走进佛学时，用通俗的话说，就是搞脑子之旅。佛学讲缘起性空，对空有很多描述，说"真空妙有"，又说"真空非空，妙有非有"，还有《心经》的"色即是空，空即是色"。那到底是有还是没有？有和空之间是什么关系？

济：谈空说有，是佛法的核心内容。有，是代表现象的存在，包括每个人的存在、活动场所的存在，乃至世间一切的存在。对存在的认识，决定了我们会产生什么样的心。凡夫因为无明，总是孤立地看待现象，认为它是独立的，由此产生自性见，甚至永恒的期待。事实上，很多烦恼都和期待有关。有期待，就会有失望、抱怨、纠结甚至嗔恨。

学佛就是通过闻思修建立正见，以缘起的智慧观察一切，看清所有存在只是条件、关系的假象。不论我们自身还是宇宙万有，离开条件和关系，并没有固定不变的存在，没有所谓的"自己"。这就是佛教所说的"缘聚则生，缘散则灭"。所谓有，只是条件的聚合，是假有、幻有；所谓空，不是什么都没有，而是没有独存不变的自性。明白这个道理，我们就知道有和空其实是一体的。比如这个扇子，它既是有，是条件、关系的存在，同时也是空，离开组成它的条件，并没有独立不变的自性。虽然没有自性，但不能说扇子不存在，假有的现象还是存在。这就是中道的智慧。

不少人喜欢《心经》和《金刚经》。《心经》的"色即是空，空即是色；色不异空，空不异色"告诉我们，空和有是不二的。按

《金刚经》的解读，则是"所谓扇子，即非扇子，是名扇子"。扇子是什么？离开条件是没有扇子的，但不能说不存在扇子。当相关条件具备了，我们给它安立"扇子"的名字，如此而已。这种空有不二的智慧，可以引导我们认清事物真相，无住生心。

主持：空和有是不二的。我的理解，好比玉佛寺的这些大树，冬天树叶落光，就像空了，有人还为此伤感，但到春天它又满树新芽了。它是一个循环往复，空有是一体的。想到这些，原有的情绪可以得到安顿。所谓空，只是幻有的空。哲学中有没有对空的解释？

周：我理解法师的意思是，缘起是根本的。因为是缘起，所以是假有；也因为缘起，所以是空。佛法认为不存在真有，知道这一点就可以超然。西方恰恰相反，他们不能容忍假有背后没有真有，哲学就是这么产生的。

有形世界是无常的，但背后一定有无形的存在。否则他们就要慌了——不是什么都没了？所以一定要找到永恒的存在，即不变的本体世界。物质的本体，比如水或是火；精神的本体，比如基督教的上帝。他们反感假有被否定后没有最后的根据，所以西方哲学没有空的概念，一定要在假有背后找到真有，实际上就是神。不管发生什么，神是永恒不变的，这是西方哲学的思路。虽然这个思路出了很大问题，但我想，如果站在西方人的观点看，因为假有背后没有真有而感到恐慌，这种感觉是不是也有一定道理呢？

济：如果停留在对假有的认识，看到一切都是虚假的，确实会让人心生恐慌。其实佛教说假有是建构一个因果体系，虽然不是常的，但也不会断。西方哲学或是落入常见，或是落入断见，而佛教恰恰是要远离常见和断见。这种不常不断的中道观，正是诸法的真实相。

七、如何安心？

主持：前面进行了学术方面的探讨，接下来问一个接地气的问题。我们生活在娑婆世界，每天被各种情绪困扰。相信大家自我观察下，心绪时刻都万马奔腾，不由自己操控。怎么调伏自心，自我观照？

济：现代人的最大特点就是混乱，总是被焦虑、恐惧、没有安全感等负面情绪困扰。这使得我们无法安下心来，甚至失去休息的能力，身心疲惫。佛教自古就被称为心学，重点就是引导我们认识并管理自己的心。近年来，我和心理学界有多次对话。大家普遍感觉，佛法关于心性的理论比心理学更究竟，值得借鉴。怎样从佛法角度解决情绪和心理问题？

首先是通过闻思对心加以盘点。心是多元、复合的存在，并不是单一的。很多负面情绪和我们的认识有关，如果缺乏智慧，可能一直在往内心扔垃圾。其实每种心理都有产生过程，比如焦虑、恐惧、嫉妒、仇恨等烦恼，并不是开始就那么强大。但因为我们对心缺少了解，总是在不知不觉间为它们提供养分，最终使自己陷入其中，无法自拔。现代很多人富起来了，但并不开心，就是因为有太多负面情绪，不断制造痛苦。事实上，心既是痛苦的源头，也是快乐的源头。只要摆脱情绪，回归心的本来状态，不需要什么外在条件，本身就能产生宁静和欢喜。

其次是通过禅修培养定力。释迦佛对人类最大的贡献，是发现每个人都有解除烦恼、自我拯救的能力。禅修就是认识并开发内心本具的力量。当心静下来，生起观照力，就有能力化解情绪，做自己的主人。这样我们才是自由的，否则永远都在被控、被左右的状态。

主持：佛教讲缘起，今天就是非常棒的缘起。怎么让自己心绪平静？作为哲学研究者，不知周老师平时有烦恼吗？怎么解决？

周：我觉得烦恼有两种。一种是自己制造的，往往是价值观出了问题。我觉得人一定要弄清自己要什么，明白人生什么是重要的，什么是次要的。重要的看得准，抓得住；不重要的看得开，放得下。如果这也要，那也要，一定充满烦恼。知道要什么，涉及价值观的问题。当然，不同人在乎的东西不一样，但和佛法的基本观点一致——不要跟着社会潮流走，否则痛苦是没完没了的。

另一种烦恼是遇事不能正确对待。有些遭遇不是自己制造的，但你碰到了，不能正确对待，也容易带来烦恼。对于自己不能支配的遭遇，发生以后，要有适当的态度对待。我非常强调一个人要和自己的外部遭遇拉开距离。学哲学给我最大的好处，是让我有了分身术，能把自己分成两个"我"。一个"我"在社会上活动，做各种事，另一个"我"就像保镖在上面看着。我会经常让身体的"我"，回到更高的"我"这边，向他汇报，和他谈心，看看有什么问题。这么做的好处，就是你遇到什么事会有距离感。人不能和自己的外在遭遇零距离，否则再小的问题都会被放大，纠结个没完，最后死在一件小事上，或是生不如死。整天在那里纠结有什么意思？如果你能俯视自我，有这个立足点的话，即使大的苦难都能承受。

主持：周教授的说法，在佛教中也有类似解释，应该是自我观照吧？

济：就是内观。当你静下来，会发现内心有一种观照力，用它来审视自己的心理活动。当你发展出观照力的时候，才有能力作出选择，不受情绪的干扰和影响。否则，情绪、想法会成为你的一切，牢牢地抓住你。

主持：所以说，周教授虽然是哲学研究者，但已经用佛法指导自己的生活了。

周：是的。哲学中有的，佛法都有。

八、极乐世界在哪里？

主持：爱因斯坦说过，如果有一个宗教和科学完全相合的话，就只有佛教了。接下来的问题，我是代表所有朋友问的，极乐世界真的存在吗？是多维空间的物理存在，还是虚拟的安慰？

济：佛法立足于宇宙看世界，所以佛经中常出现恒河沙数世界的描述。从无限的宇宙来说，有一个极乐世界，并不是什么不可能。如果我们因为自己看不见就否定，未免太自以为是了。从佛教徒的角度，我们相信佛陀的智慧。既然佛陀在两千五百多年以前就可以看到宇宙有十方微尘数世界，而现代人到哈勃望远镜出现后才开始有这些概念，凭这一点，我们就没理由不相信佛陀所说。

类似的概念，西方哲学有理想国、乌托邦，但并没有真正成立。因为其关键在于破除私有制，而人都有我执，有私心，如果没有净除我执和私心，就不可能建立公有制的社会。佛教的净土思想，则是从净化心灵开始。当我们去除内心的贪婪、仇恨、烦恼，就能建立理想世界，所谓"心净则国土净"。如果不解决人类自身的问题，是不可能成就这个理想的。

随着科学的发展，人类的物质生活得到极大改善。但科学在改善世界的同时，却没有对人自身加以改善，反而在某些方面纵容了人类的劣根性。结果科学越发达，人类自身的问题反而越多，世界也变得越麻烦。所以在今天，如何提升自己比任何时代更为重要。

主持：说到极乐世界，我有一个朴素的思考：如果让一百年前的人来到现在，会以为我们生活在极乐世界。因为外面是酷暑，里面这么清凉；拿一个方块就可以千里对话；上一个带翅膀的铁壳，就能一日千里地飞到另一个地方。这是以前无法想象的。科学已经证实，在无限宇宙中，很多星球存在的时间数倍于地球，上面也可能有智能生命存在。按照人类的逻辑，发展到今天，对我们而言是不是极乐世界？可以这么理解吗？

济：佛教讲的极乐世界，不仅有良好的物质条件，更重要的是人们心态健康，自在安乐。现在虽然科技发达了，生活优越了，但很多人并没有因此感到幸福，反而因为看到的越多，攀比对象越多，烦恼也越来越多。所以极乐世界不仅指外在环境，更重要的是内心提升。

主持：佛教都是讲不要朝外找答案，要自我发掘。通过不断向内探索，找到极乐世界。那么在哲学层面看，最终目的是哪里？有极乐世界吗？

周：我觉得极乐世界不是物理空间，是一个精神世界。就像法师说的，通过学佛法不再有我执，不再自私，就是极乐世界。这个理想能在地球实现吗？我觉得是有问号的。作为精神境界的极乐世界，每个人可以在内心实现。通过学佛也好，哲学思考也好，最后觉醒了，内心平静、快乐了，就是生活中的极乐世界。

九、现场问答

主持：今天很多人是带着困惑和思考来的，机会难得，有什么问题可以举手。

问：佛教让我们去除我执和贪嗔痴。我学佛后，身边不少男性朋友都表示对佛法有兴趣，我也和大家相处得很愉快。那我选男朋友时，到底要和谁在一起呢？

主持：这个问题周老师更适合回答，因为您更有经验一些。

周：我觉得要尊重自己的感觉，别人是很难判断的。既然是情感的问题，一是要相信最初的直觉，这个直觉很重要。有人说过，爱情上的第一眼，就是千里眼。另外，我觉得不要用完美的标准衡量，那你永远找不到。

主持：学佛之后，看待众生是平等的，你觉得每个人身上都有优点，难以取舍，这也是很大的问题。如果没人让你有特别的感觉，那他们可能都不是你的选择。

问：法师法务非常繁忙，但平时走路都很轻盈。我想问的是，如何在繁忙的讲课和弘法中，保持每日的修行？

济：世间确实有很多事，但一件一件去做，再多的事只是一件事。在做每一件事情时，安住当下，用心去做，且不执著结果，也不在意别人的看法，就不会给自己增加不必要的负担。这样的做事并不妨碍修行，甚至可以在做事中修行。此外，做多少事也在于你的选择，觉得精神好就多做一些，觉得累就少做一些，主动权在自己手中。

主持：生活就是修行。行住坐卧都可以是修行，都可以表法。

问：听法师解说万事皆空很有感觉，但自己是凡夫俗子，虽然想朝身心清净的方向努力，但常常觉得心存烦恼，怎么办？

济：说空，不是说说就空了，关键是通过闻思修了解空的智慧，并成为自己随时起用的认识，以此看待世界，处理问题。这样做的时候，空的智慧才能在你身上产生作用。否则即使知道空，但面对事情时还是用固有观念，还是会执著，会在乎，自然烦恼重重，怎么可能空？学佛是生命改造工程，是在接受一种智慧并运用于生活。这需要有积累，需要在老师指导下一步步学修，不是那么简单的。

主持：学习有个次第。

问：济群法师和周教授都谈到，我们对世界的认知，一方面靠理性思维，一方面靠直觉的智慧。我曾听说，直觉是可以通过训练提高的，也有人说直觉来自经验。那么，理性思维和直觉之间是什么关系？是不是可以通过理性思维训练直觉？

周：我觉得直觉不是技术，是不能通过人为训练达到的。好的直觉实际上是一个整体，在某一点爆发了。这个整体是长期积累的过程，包括你的人生经验。但不仅是外部经验，也有内在体验。这些积累到一定程度，才能形成比较好的直觉智慧，可以经常爆发直觉。

要说修炼的话，我想是让心进入一种状态。比如禅修，让自己进入清净的状态，有助于开发直觉智慧。但我想，整体素质非常重要。哲学或文学史上那些大师都是直觉非常好的人，但这不是通过某段时间的训练或是做某件事就行了，一定是天赋加上后天丰富的积累形成的。所以直觉好不好，有天赋的问题。内心有创造性的大师一定是天赋极好的，才可能在这方面的直觉超乎常人。

济：理性可以帮助我们对自己和世界建立正确认识，构成未来生命经验的基础。生命始终在积累，有些是自觉的，但更多是不自觉的，并在不知不觉中积累负面心行，形成不良生命记录。所以，理性选择对生命发展起到了重要作用。

至于直觉，其中有深层和浅层之分。深层直觉是内在觉性的作用，是超越我们现有经验的。而多数人包括大师所拥有的直觉，就像周老师说的，和天赋有关，也和生命积累有关，包括前生的积累。这些积累储藏在生命系统中，会在条件具足时产生作用。

从佛法修行来说，直觉是可以训练的，禅修就是开发内在的纯净直觉。比如开悟，就是直觉在产生作用，然后不断地熟悉它，重复它，让这种直觉成为内心主导力量，时时刻刻产生作用。禅修的过程，就是不断训练和熟悉直觉的过程。

主持：这个直觉的概念，在佛学中是觉知的意思？

济：可以理解为觉知，但觉知也有深浅不同的层次。觉知只是浅层的直觉，而觉性才是深层的直觉。通过觉知的训练，可以抵达觉性。

问：听说在色界天或更高的境界中，只有男相没有女相。纵观人类社会的发展，男性无论生理结构还是社会地位，确实比女性更有优势。所以第一个问题，男性是比女性更高级的群体吗？第二，女性存在的意义是什么？是繁衍生命，还是在天地间达到阴阳平衡的力量？

济：在印度文化中，男女地位确实有尊卑之分。佛教声闻乘的戒律中，也对男女有不同要求，但这只是因为两者果报身不同，并不是有高低之分。男众可以出家、修行、证果，女众也可以出家、修行、证果。尤其是在大乘经典中，男女是完全平等的。从轮回的眼光看，每个生命都是业力所感，性别只是缘起的显现，并不是固定的。至于女性存在的意义，事实上，我们更应该探究的是——人存在的意义是什么？这个问题对男女都一样。

问：学佛要从理性思考入手，最后以直觉实证。对于那些没有受过良好教育的民众，他们如何学佛？我们能为他们做些什么？

济：学佛有不同定位，所以佛教中有人天乘、解脱道、菩萨道之分，每个人可以根据自身根机，选择相应的法门。另一方面，根机和所受教育没有必然联系。有些人虽然受教育程度不高，但根机很利；也有些人受教育程度很高，但妄想、烦恼特别多，修起来反而障碍重重。六祖慧能也没受过什么教育，但听到五祖开示《金刚经》，当下就见性了。当然这不是推崇没文化，而是提醒大家要善用理性。

人是万物之灵，有理性，但一定要用好，才能成为认识自己、提升生命的助缘。如果用不好，也会给我们带来灾难。今天这个世界人心如此动荡，乱象层出不穷，其实都和理性有关。所以我们要善用理性，以此止恶行善，而不是相反。

主持：今天非常殊胜，两位大师从各个层面为我们解疑释惑。最后有请两位就今天的主题做一个陈词。

周：用好理性，开发好直觉，让我们不要误解这个世界。

济：今天的人都在向外追逐，希望大家找回自己，进而自利利他，自觉觉他。这对我们的未来和社会非常重要。

主持：如果用山来形容哲学和佛学，哲学是喜马拉雅山，佛学就是须弥山，其实没有高低之分，只有见地的不同。刚才法师说，佛教有八万四千法门，不论从哪一个入口进去，寻找真理的目标是一样的。相信在座各位也是法喜充满，再次感谢济群法师的慈悲开示，感谢周教授的智慧解读，也感谢所有来到现场一起分享的朋友。希望人生讲坛可以继续，也希望有缘和大家再次见面。

相遇在这个时代

我们误解了自己

● 2015 年 12 月 11 日,济群法师与周国平教授合著的《我们误解了这个世界》新书发布会,在北京国家图书馆学津堂举行,两位作者与数百名读者分享了本书的幕后花絮并交流心得。

主持：感谢现场这么多热情的读者朋友们。今天活动的主题是济群法师和周国平教授的新书发布会。两位老师大家早已熟知，一位对佛学有深入研究，一位对西方哲学很有造诣。他们共同的特点，是在兢兢业业做学问的同时，不忘广大民众，关注当下生活，通过他们的著作及演讲，成功指导了很多在人生路上迷茫的人们，其中也包括在座的朋友。今天我们非常荣幸地邀请到两位，和他们一起探讨写作本书的感受、研究哲学和佛法的收获，包括人生感悟。

一、书名的由来

主持：之前已有媒体记者问过：为什么新书取名为《我们误解了这个世界》？

济：准备本书时，我们对书名非常重视，希望既能契合其中的内容，同时也有吸引力，可以打动人。为此还在网络发起征名活动，收到几千个书名。《我们误解了这个世界》符合以上两点。因为哲学和佛法的共同目标，是引导大家认识自我和世界的真相，否则就会因为误解带来痛苦、烦恼甚至灾难。这些对话的目的，是帮助大家澄清——我们怎么误解了这个世界？如何消除误解，建立正确认识？周老师从哲学的角度，我从佛法的角度，从生命永恒的困惑，到人们在现实中关注的焦点，一一展开交流。应该说，这个书名和对话内容很贴切。

周：我讲点幕后故事。这本书开始的书名是《相遇在这个时代——哲学与佛学的对话》，大家都觉得平常，我也觉得一般。后来就在公众号上征集书名，大家很踊跃，提出很多书名，其中也有很好的。但最后中选的并不是网友，而是本书责编陈曦提出的。我和济群法师看到，觉得眼前一亮。

这个书名好在哪里？第一，指明我们普遍处在误解世界的状态，自己还不知道；第二，指出哲学和佛法最重要的作用是消除误解，正确地认识世界，认识人生；第三，可以让大家想象，它到底是什么意思？今天就有很多人问到这个问题。如果大家看到一个书名以后，想都不用想，这没意思。看到以后想"什么意思啊"？才是好书名。

二、我们能认识世界吗？

主持：最终选择这个书名，是为了引申出书中的内容——错误的人生观、世界观、价值观，包括教育内容，使我们对世界有了误解。这也正是哲学和佛法引导人们解决的问题。从两位的角度看，我们为什么误解了这个世界？

济：世界太博大、太深奥、太复杂了，所以认识世界很不容易。但人有理性，无法像动物那样，纯粹活在本能中，而会思考——世界的真相是什么？生命到底是怎么回事？如何摆脱人生的烦恼、痛苦和灾难？正因为这样，才有了各种哲学和宗教。

既然是探讨真相，为什么不同的哲学和宗教会有人相径庭的结论？难道真相不是一个吗？原因在于，哲学家会受限于理性，而理性是不能抵达终极真理的；宗教师虽然有实际体证，也会受限于自身经验，把某些似是而非的认知当作真相，认识程度有对有错，有深有浅。

世界究竟怎么回事？人有没有能力认识真相？事实上，人的思维和经验是有限的，建立在此基础上的认识，不论多么深入，都是局部的。如果不能突破局限，即使再努力，也不能认识无限的世界。

那么，人究竟有没有无限的智慧？关于这一点，佛法告诉我们——心的本质就是世界的本质。世界是无限的，心也是无限的，一旦开发心的潜力，我们就能具有无限的智慧。所以说，能不能认识世界，是取决于自身的认识能力。

周：济群法师说的特别重要，人是有这个能力的。我觉得，人的直觉、悟性非常重要。其实每个人都有这样的直觉和悟性，但有些人的直觉特别好，比如释迦牟尼佛，还有庄子、老子、苏格拉底等，可以说，他们几乎看到了世界真相，然后把自己看到的说出来。一般人的直觉没那么好，但可以通过读他们的书作为弥补。其实释迦牟尼没写过，只是说，苏格拉底也是说。老子写了五千言，庄子也写了，但孔子不写。我们为什么把这些人看成天才，看成人类的精神导师？因为他们看到了世界的真相，一般人是无法看到的。

虽然我们的直觉没那么好，但也应该重视直觉，这是认识的起源。我们为什么误解这个世界？很重要的原因，就是没有用自己的直觉看世界，而是用接受到的概念和理论，别人怎么看，我们也怎么看；或是被负面情绪压住认识能力，使我们从情绪出发去认识世界。总之，没把健康的直觉放在最重要的位置。这往往是错误认识的根源。所以说，一定要重视直觉，而且要从直觉最伟大的天才，如佛陀、大哲学家那里得到启示，帮助自己正确理解世界。

三、直觉还是错觉？

主持：您刚才说，我们要用直觉看世界，可现代社会的信息量非常庞杂，而且每个人的教育程度和成长环境也不一样，我们根据什么来判断这个直觉到底对不对？

周：这个问题很厉害，我答不出。因为你的直觉已经受到污染，已经不是直觉，而是接受的概念，只是把这个当作直觉。怎么追溯原初、本真的直觉？确实很难，因为你没有判断标准。现在有个办法，圣人们的直觉非常正确，是人类几千年来公认的，可以帮助你检验自己的直觉对不对。

我觉得，一个人要尽可能排除社会对自己的干扰。有些人很在乎别人的看法，很重视社会上流行的东西，那么直觉一定会被污染。我们要尽量少被污染，通过读大师的书，读佛法的书，起码可以形成概念，知道正确的直觉什么样，这些最好的人看到的世界什么样。有没有这些概念很重要，因为这就是标准。

济：认识有两个层面，一是理性的层面，一是直觉的层面。这种纯净的直觉非常珍贵。因为我们对世界的认识离不开认知模式，如果自身模式是混乱的，由此看到的一切必然是扭曲的。就像戴着有色眼镜，所见所知，其实是通过眼镜加工的影像。纯净的直觉，就是去除一切遮蔽，看到真实而非被自我改造的世界。

刚才周老师说，通过接受圣贤的智慧文化，可以修正扭曲的直觉，建立健康、智慧的理性。西方哲学重视理性，其实佛法同样重视理性。佛法看重人的身份，就是因为人有理性，可以通过思维、简别对心行作出选择。但理性是双刃剑，如果我们接受不良文化，就会造成错误认识，不断制造烦恼，甚至将自己导向毁灭。从学佛修行来说，首先要通过闻思树立正见，进而通过禅修将闻思正见落实到心行，获得实际体证，从而修正认知系统，拥有纯净的直觉，即佛法所说的"认识心的本来面目"。

四、相识，相知，相见欢

主持：这是周老师和济群法师的书深受大众欢迎的重要原因。现代社会信息量太大了，各种声音随时进入耳朵和大脑，让我们忘记内心的声音是什么。刚才两位说，当你找不到方向时，可以静静地学习古圣先贤，包括释迦牟尼佛的智慧、西方优秀哲学家的思想，从中沉淀出指引未来道路的宝贵真理。我感兴趣的是，一位是西方哲学的研究者，一个是东方佛法的实践者，听上去相距遥远的两个身份，是什么机缘让你们相识相遇，最终促成了这本书？

周：我在序中已经说了缘起。我和济群法师十三年前开始有联系，但仅仅是通信。三年前见了面，觉得很投缘。我一直关注法师的社会活动，他做了很多事，是我最欣赏、最敬重的一位当代佛法导师。另一方面，我觉得自己和法师有很多共同之处，可以总结为三点。

第一，济群法师称自己是自由主义者，我也是个自由主义者。法师是中国佛学院第一届毕业生，此后主要在佛学院当老师，不当住持，不担任行政职务。他说自己喜欢自由自在的生活，一旦有职务就不自由了。我也是一辈子与乌纱帽无缘，而且觉得，如果我当官一定很悲惨，所以绝不沾这些，愿意保持自由思考的状态。

第二，我们都对理论感兴趣。不少学佛人对理论是没兴趣的，济群法师对理论有很深的研究，包括佛教中最艰深的唯识学。我也对理论感兴趣，喜欢思考，喜欢追问到底为什么。

第三，我们都做了一些社会启蒙的工作。济群法师有很多弘法活动，我也可以说是启蒙吧。有次我作了比较大的讲座，当时一位主管听完后问：你知道你做的是什么吗？我说是和大家谈心。他说不是，你做的是布道。后来想想，其实有这个成分。弘法布道就是对人生真理进行启蒙，这是我们共同做的事。佛教讲因缘。我觉得，我和济群法师做成这本书，开这个发布会，真的应该说有因缘。

济：我和周老师一见如故，每次见面和谈话都兴致盎然，不需要任何交流以外的客套。我们的谈话很自由，有时在法源寺的走廊下，有时在周老师的工作室，有时随便找个地方就谈了。围绕一个话题，周老师从西方哲学的角度，我从佛法的角度，你来我往，畅所欲言。

我参加过一些对谈，但能谈得这么默契而深入的不多，有时甚至各说各的，彼此没有真正的交集。这是我喜欢和周老师交流的重要原因。而且我们关心的是人类普遍存在的问题，通过交流，不仅对彼此有启发，也能对社会大众有启发。这些互补作用是我们对话的前提和动力。

主持：以后的对话中，还会有《我们误解了这个世界》的更多版，很期待吧？我们要尽力促成这样的对话。

周：我也喜欢和济群法师对话，他有一点特别好，喜欢挑战。很多高僧是不愿被挑战的，你要毕恭毕敬的，一切都听他的，济群法师不一样。我一方面出于无知者无畏，另一方面也喜欢追根究底，所以老要问后面是什么？往往故意站在对立面，就像辩论中的乙方，对甲方提出刁难，但我越刁难法师越高兴。

五、如切如磋，彼此增上

主持：我们在书中看到，周老师和济群法师的对话像是辩论赛。

按周老师自己说，他是充满问题的一方，向法师提出各种挑战。随着讨论的深入，我们发现周老师的观点似乎有一点点改变，最后发现佛法和哲学有很多共通之处。在交谈中，法师对西方哲学感兴趣的是什么？

济：我对西方哲学的认识并不深。通过和周老师的对话，让我看到哲学对这些问题的关注，进一步启发我从佛法角度来思考。所以这些对话不仅增进了我对西方哲学的了解，也让我更清楚地看到，佛法对这些问题是怎么诠释的，殊胜在哪里。

如果没有特定对境，有些问题你不一定会深入思考，或者说，不会从另外角度去看。周老师是高手，他的问题虽然有普遍性，但一般人的思考达不到这个深度及逻辑严谨程度。他一步步提出问题，促使我进一步思考，对我来说是学习的过程。

周：济群法师应对得非常机敏，我觉得，这既是因为对佛法有很深的研究，同时也喜欢思考的快乐，这点特别难得。

主持：两位在讨论过程中，或多或少对对方的知识体系有所了解。作为西方哲学的研究者，周老师比较认可大乘佛法中的哪些思想？

周：我很早就对佛法有兴趣，但看得太少，这方面的知识很有限。通过和济群法师的几次对话，弥补了以前的一些不足。当然还不够，因为佛法博大精深，我现在可能还称不上入门，只在门外往里看了一眼，是这个状态。

为什么对佛法感兴趣？我是研究西方哲学的，觉得佛法对我们有两点最重要的启发。因为哲学无非是两方面，一是认识世界，一是追问人生意义。从认识世界来说，西方哲学从柏拉图开始，两千多年来一直在讨论"世界的本质是什么"，提出了各种论断。直到近代，康德发现这条路走错了，因为这个问题本身就错了，是没有答案的。康德证明，不管你怎么回答，都不是世界本质。如果把世界分为本质和现象的话，你永远在现象界，到不了本质。因为你对世界的所有认识，都是你的认识，都带着人类认识世界的基本模式，所以它仍是现象世界，不可能到本质世界。尼采再进一步，到现象学就更彻底，说根本不存在本质世界，都是现象世界。在现象背后，无所谓本质。

这样一个观点，简单地说，即世界无自性。这正是佛法所说的——世界不存在不变的本质。释迦牟尼佛在两千多年前已指出这一点，西方哲学近两百年才走到这一步。从这点来说，佛法是一种非常深刻的哲学。

从人生意义来说，佛法也非常深刻。人生无非两个问题，一是生，一是死，生要觉醒，死要解脱。关于生的觉醒，怎么开发自身觉性，认清生命真相，解除错误观念和负面情绪，佛法不仅有理论，还有一整套修行方法帮助你达成目标。关于死的解脱，包括死亡是怎么回事，人为什么怕死，怎么看破生死，解除对死亡的恐惧，在所有宗教和哲学中，佛教可能是最深刻、最彻底的。我觉得，人生问题的最终解决应该在佛法中。我原来就有这个想法，通过和济群法师的对话，更坚定了这个信念。

六、个性解放和自我解脱

主持：西方哲学有个词叫个性解放，近年来，中国社会也受此影响，导致意识形态的改变。佛法中类似的词，是寻求自我解脱。那么，个性解放和自我解脱的区别是什么？

济：我最近正在对佛教的人本思想和西方的人本思想加以比较，发现两者出现的背景有相似之处。佛教出现前，印度的主流宗教是婆罗门教，强调婆罗门至上、祭祀万能、吠陀天启，属于神本的信仰。而佛教重视理性，强调通过自身修行解脱，属于人本的宗教，代表了反神教的思潮。而西方人本思想出自文艺复兴时期，也是在反神教的思潮中出现的。

人本思想提出个性解放，倡导天赋人权，是要解除封建制度给人性造成的束缚，使人充分展现自己的个性和才华。这些思想推进了西方文明进程，带来文化、艺术、科学的极大繁荣，但在启动良性潜能、带来正向成果的同时，也刺激了人性中的负面力量，由此造成种种社会问题。

佛法所说的解脱，是立足于对心性的认识。佛法认为心有两个层面，有魔性也有佛性，有无明迷惑也有觉性光明。无明是凡夫的生命状态，包括贪嗔痴等负面力量；觉性则是佛菩萨的生命状态，也是众生自我拯救的力量。很多人觉得佛教消极，因为佛经中常说人生是苦，说四大皆空，说诸行无常等，属于否定的表达。事实上，这些否定是为了消除人们对自我和世界的误解，解决由此引发的负面情绪。就像对雾霾，我们用肯定还是否定？解脱同样如此。当我们解除迷惑烦恼，同时也在开显生命内在的智慧和慈悲，所以解脱还有肯定的一面。

我觉得，个性解放和个人解脱在表达上有相通之处，都是立足于从改变认识，到解决自身问题，过上幸福生活。但因为对人性的认识不同，所以采用的手段不同，带来的结果也不一样。

周：这是济群法师的新思想，把佛教在公元前6世纪从婆罗门教的整体环境中破土而出，看成人本主义的觉醒，和从天主教、基督教的一统天下时产生文艺复兴思潮进行类比，我觉得挺有意思，以前没看过这样的提法。

个性解放和自我解脱，可能是很大的区别。西方哲学强调个性解放，包含的前提是——每个自我很有价值，这辈子要活得精彩，把自我价值实现出来，成就个人的独特和优秀，而不是作为社会符号活着。佛法强调的是无我——意识给了你一种假象，即自我的虚假性，要从这种迷惑中解脱出来。通过这么多次对话以后，坦率地说，我还没解决这个问题：佛教对自我的独特、优秀是不是认可，用什么方式认可？

济：书中有个标题叫《自我与无我》，阐述了西方哲学和佛法的不同所在。西方哲学肯定自我价值，而佛法说的是"无我"。当然对很多人来说，接受"自我"比较容易。事实上，每个人最关注的就是"自我"，以"自我"为中心活着，要展现"自我"的优秀。可什么代表"自我"？我是谁？是一个很大的问题。

说到展现"自我"，我们会想到能力、品德等。一个人具有与众不同的能力和品德，似乎就代表"自我"的优秀。这会带来三种心理：一是重要感，我要比别人重要；二是优越感，我要比别人优越；三是主宰欲，要以我为中心，让别人听从于我。当一个人追求"自我"的重要感、优越感、主宰欲时，是非常辛苦的。

另一个问题是，"自我"本身是什么？我们所认定的，无非是我的身份、地位、名字、相貌、思想等。事实上，这些只是假设的依托，和我们只是暂时而非永久的关系，是经不起审视的。作为"自我"的存在，和你一定是永久的关系。佛教讲"无我"，并不是说你不存在，而是否定对"自我"的错误认识，让我们通过审视剥离这些依托。误解世界也包括误解自己，只有把误解的成分一一去除，把不是的统统否定之后，才能找到真正的自己。

周："自我"的依托点是什么？本质是什么？在这一点上，我觉得佛教的"无我"应该是最能站得住的一种说法。当你去追问："自我"有没有永远不变的内核？那确实不存在，可能就到了另一个问题。我觉得这是两个层面。一个层面是实现"自我"，既然你来到这个世界，作为独一无二的个体生活一辈子，应该活得有价值，有意义，成为优秀的个体，但不能停留在这个层面。"自我"实际上是没有内核的，没有永久的本质，如果把它看得太重，哪怕成为优秀的人，只要把这种优秀看得很重，最后也会落空，所以要超越这个层面。说空性也好，"大我"也好，总之要和它沟通，超越"小我"，进入这个层面。

现在的问题是，因为"自我"是无自性的，本质上是"无我"，所以这个"自我"就没有多大价值，不用努力，也不用优秀，反正最后都是空的。如果偏到这个方向，我觉得就有问题。这两个层面都要强调。西方哲学更强调实现"自我"，当然再往上的话，基督教也强调超越"自我"。佛法是不是更强调超越"自我"？

济：佛法并不是否定个体的价值，不否定个体的优秀和独特，"无我"最重要的是消除对自己的误解。作为缘起的生命，确实有独立性、个体性，其存在来自积累，不是永恒不变的，而是可以被选择的。我们的生命状态，不仅有今生的因素，也是过去生思想、行为、经验的积累；现在的所思所行，又会构成未来的生命方向。在此过程中，我们要看清"自我"由哪些因素构成，才懂得如何选择。很多人陷入烦恼和负面情绪时，会把这些当作是"我"，为其所困，不能自拔。佛法告诉我们，这些烦恼和负面情绪并不是"我"，恰恰是需要被消除的。同时还要发展内在的正向力量，让它变得强大，成为生命主导。所以说，佛法是帮助我们看清生命现实，懂得怎样选择它，发展它，造就智慧、慈悲的品质。

七、发现问题才能解决问题？

主持：很多年轻人确实因为执著于这个"我"，在生活工作中充满困惑，过得不开心。每个人都在寻求"我"，我的价值在哪里？我的意义是什么？是种种问题的根源所在。我想请两位分享一下，本书对于现代社会的意义是什么？

济：本书关注的内容包括——我是谁、生死、归宿、生命意义等。这些问题每个生命都存在，而且有人已经意识到了。一旦有了问题，如果没有智慧文化为引导，很难通过自己的思考找到答案。因为这是生命的终极问题，是古往今来圣哲们在追问和探寻的。只有解决这些问题，才能找到生命的出路、人生的意义。

对于没想过的人来说，并不是没有问题，只是没关注而已。我们生活中有很多烦恼、不安、躁动，究其根源，都来自生命永恒的困惑。如果找到终极答案，现实的烦恼就会迎刃而解。所以本书呈现的问题并不局限于有哲学思考的小众，而是会对大众有所启发。如果一个人本来很现实，只在意眼前得失，现在发现人生还有这么多高大上的问题需要关注，生命境界会随之打开。

周：济群法师经常讲的一句话是：有问题给他解决问题，没问题给他"制造问题"。有问题，说明你对生活是认真的，对人生是认真的。在这个时代，为什么很多人感到不幸福？为什么道德滑坡？最后可以发现，很多问题都在于没有觉悟，对人生的基本道理没想明白。他不幸福，并不是道德败坏，也不是运气不好，而是糊涂、愚昧，把什么重要什么不重要颠倒了。

如何解决？就要把人生最重要的问题想明白。本书的实际核心是佛法，济群法师是主角，我是配角，把他的话引出来。就像刚才我对他提出问题，摆出一副辩论的架势。因为从哲学上，有些问题真说不清楚。包括"自我"和世界本质是什么，人有没有自由等，两派对立的观点，谁都不让谁，看着都有道理。我觉得把这些问题提给法师，让他从佛法的角度说，可能会有一种新思路、豁然开朗的感觉。只要深入去想，那些本来觉得没问题的人也会发现：原来人生还有这些问题。如果看了书以后，还觉得"这都不是问题"的话，那恭喜你，你可能已经到了我们望尘莫及的段位，但我相信这样的人太少了。

济：也可以说，这本书周老师是主角。因为有周老师提这些问题，他提什么我说什么，所以才有了这本书，不是我想说什么就是什么。

主持：两位把对话内容整理成书，让我们这些对终极问题迷茫的人得到很多启发，所以两位都是主角。哲学和佛法的共同点是解决人们的困惑，哲学能解读思想问题，而佛法最终能解决生死问题。本书是哲学和佛法结合的精华，也展示了对社会的普世价值。

八、现场问答

主持：现在是互动环节，现场朋友在听讲过程中有什么问题？

问：法师说，生活中那些可以代表自我的东西，包括身份、地位、身体等，其实是暂时的，不能真正地代表"我"。那我想知道，什么可以代表"我"？思想可以吗？思想也是变化的。

济：什么代表真正的"我"？别人是无法给你答案的。别人的答案，对你来说不过是一种知识，只有参考作用。禅宗修行中，有个话头是参"我是谁",参"一念未生前本来面目",都是追寻"自我"的方式。我们活在这个世界,也活在自己的念头中,念念相续,不绝如缕。参话头,是让我们审视念头生起的地方。当我们陷入念头,就会活在心念中,那是一种"假我",只是暂时和你有关。只有从念头一路追寻,找到背后的源头,找到念头未生之处,那才是"我"的本来面目。我们要经常对"自我"加以审视,问一问"我是谁""什么代表我",在不断剥离"假我"的过程中,你会离自己越来越近。

问: 每个人都有灵性的"自我",也在寻找灵性的"自我",但摆脱不了肉体对自己的限制。我就常常困惑,怎样才能平衡肉体的"自我",或者说魔性的部分?我偶尔也能察觉到一点灵性的部分,但平衡不了两者的关系。

济: 平衡不了是正常的,如果平衡得了,就不是一般人了。生命中有很多负面力量,包括不良情绪、对肉体的执著等。这些和我们到底是什么关系,如何减少它们的干扰?正是修行所做的。

修行无非是两方面,一是看清自己要什么,不要什么。如果看不清,就会陷入种种执著,包括对身体、情绪、名利的执著,以为这些是"我"的一部分,不断支持它们,对此形成依赖,引发负面情绪。二是通过禅修培养内在的正向力量。否则即使看得清也没用。

因为你的长期纵容，已经使这些力量无比强大，牢牢地控制你。在这种情况下，是很难摆脱的。

周：一个人学点哲学或佛法非常重要。只有超越"假我"，才能找到真正的"自我"。我感觉，学哲学对我最大的好处，是在这个身体的"我"、社会活动的"我"之上，还有更高的、精神性的"自我"。我的体会就是，人类最高觉悟的化身，在你的身上生根，开始指导你。这个更高的"自我"可以通过不同途径得到，比如哲学、佛教、基督教等。所有宗教和哲学告诉你，有一个更高的"自我"，要让它觉醒。到那一天，你就有方向了，知道不要太看重物质性的"自我"，不要太看重它的遭遇。我觉得，这就是找到"自我"。

济：从佛法角度说，每个人内心都坐着一尊佛，但现在睡着了，所以很多妖魔在作乱。在修行过程中，我们要看清它们的把戏，不听它，不随它转，同时唤醒内心的佛。当这尊佛真正醒来，妖魔就消失了。

主持：两位嘉宾都说到，看清"自我"非常艰难，需要深入的自我剖析和努力实践。有一点可以肯定，所有愿意来到现场听讲的朋友们，想要觉醒的种子已经萌芽。如果我们回去认真看这本书，相信大部分困惑都能得到解答。

问：最近看到一些佛教界的负面新闻，包括内地和香港的，如何看待这些现象?

济:在这个浮躁的时代,各行各业都有伪劣假冒,宗教界也不例外。因为民众有信仰的需求,社会有信仰的市场,自然有人打着佛教的旗号牟利,做种种不如法的事。另一方面,媒体又喜欢炒作吸引眼球的八卦,某些现象就容易被夸大甚至歪曲。基于这两点,近年来真真假假的负面新闻较多。我也对此感到很遗憾。今天的社会如此浮躁,人们的心理问题越来越多。如何重建国人的精神追求,引导他们平息内心躁动,建设健康心态? 佛教文化承担着举足轻重的作用。

佛教传入中国二千多年来,从普通民众的精神归宿到知识分子的修身养性,一直承担着重要作用。当今教界也有很多正能量,值得我们去宣扬,去推动。如果大众对佛教有正向看法,是社会之福。反之,当我们有心理问题需要解决时,却没有健康的信仰、智慧的文化可依止,如何解除迷惑,平息躁动? 从这个角度说,任何损害佛教的行为,也是对社会的损害,它使很多人的精神追求得不到智慧指引。

问:人性有善有恶,如果我在某种状态下产生了恶念,那和佛法所说的"活在当下"和"正念"会不会矛盾?

济:"活在当下"并不是说,你当下有恶念,就去做坏事。事实上，"活在当下"正是引导我们培养正念。正念有两个层次，一是相对的正念，是在正见指导下的思考和行为；二是超越时空的正念，即对空性的体认。一旦开启内在的观照力，我们就能对念头保持觉知，知道内心产生了哪些情绪，哪些想法，不会稀里糊涂地跟着走，更不会陷入其中。

问：对于普通人来说，还是要入世生活。我有个疑问，如果法师来做佛教协会会长，或者周老师戴上顶乌纱帽，是不是更能以正视听，造福社会呢？

周：这是柏拉图的理想，认为哲学家当了国王，世界就有救了。据我所知，柏拉图在现实面前被撞得头破血流。首先，他的理想实现不了。然后他想把国王培养成哲学家，所以到叙拉古去，给那里的统治者教哲学。最后那个年轻国王说：我知道什么是哲学了，就是无聊扰人、对无知青年的谈话，于是把他赶走了。他后来又去了一次，原国王的儿子把他卖到了奴隶市场，很悲惨。社会需要有哲学家，需要高僧大德，也需要有开明的统治者，但两者很难合二为一。因为人性是有弱点的，而权力是会腐蚀人的。哲学家能不能经受这个考验？还不如不去接受考验，保持思考的状态，我觉得更好一些。

济：我觉得，每个人可以根据自己的能力为社会作出贡献，不一定要从政或以什么身份来做。当然，如果对人生有高度的认识，对社会有一份责任感，又擅长管理，愿意为大众付出，特别值得随喜。佛教中，菩萨就要有这种担当，就像地藏菩萨说的"我不下地狱，谁下地狱"。这是特别了不起的承担，但不是每个人都要用这种方式，也不是每个人都有能力承担。社会有不同需求，关键是有自利利他的心，然后各安其位，各司其职。

主持：现场这么多朋友，还有很多没来现场的朋友，都很喜欢周老师和济群法师的作品。我们非常幸运，有幸接触到佛法和哲学结合而成的这本书。相信它在帮助我们解决问题的同时，能指引我们走向解脱和觉醒。

图书在版编目(CIP)数据

我们误解了自己/周国平,济群著. —上海:上
海译文出版社,2023.5 (2023.8重印)
ISBN 978-7-5327-9225-2

Ⅰ.①我… Ⅱ.①周… ②济… Ⅲ.①人生哲学-通
俗读物 Ⅳ.①B821-49

中国国家版本馆 CIP 数据核字(2023)第 069819 号

我们误解了自己

周国平 济 群 著

责任编辑/刘宇婷 装帧设计/胡枫 毛菁菁

上海译文出版社有限公司出版、发行

网址:www.yiwen.com.cn

201101 上海市闵行区号景路 159 弄 B 座

上海市崇明县裕安印刷厂印刷

开本 720×1020 1/16 印张 15.75 插页 2 字数 101,000

2023 年 6 月第 1 版 2023 年 8 月第 3 次印刷

印数:60,001—70,000 册

ISBN 978-7-5327-9225-2/B · 534

定价:42.00 元